普通高等学校"十四五"规划城乡规划专业精品教材

城乡规划管理与法规

主　编　郭思维　荣玥芳

华中科技大学出版社

中国·武汉

内 容 简 介

　　本书简要地介绍了城乡管理、决策、法律、行政等方面的基础知识,系统地阐述了城乡规划管理体系和城乡规划法律法规体系的相关内容。全书包括 7 章内容,第 1 章为管理学与行政管理学,第 2 章为法理学,第 3 章为城乡规划行业发展历程,第 4 章为城乡规划管理体系建构,第 5 章为城乡规划法律法规体系建构,第 6 章为城乡规划法律法规详解,第 7 章为国(境)外城市规划体系。本书不仅可以作为高等学校城乡规划专业、建筑学专业、风景园林专业及相关专业的教材和教学参考书,也可以作为从事城乡规划设计、建筑设计、园林景观设计等工作的设计人员,以及城市规划研究人员和城市规划管理人员的工具书及参考书。

图书在版编目(CIP)数据

城乡规划管理与法规 / 郭思维,荣玥芳主编. -- 武汉 ：华中科技大学出版社,2024.8.
(普通高等学校"十四五"规划城乡规划专业精品教材). -- ISBN 978-7-5772-1140-4

Ⅰ. TU984.2；D922.297

中国国家版本馆 CIP 数据核字第 2024WL7317 号

城乡规划管理与法规　　　　　　　　　　　　　　　郭思维　荣玥芳　主编
Chengxiang Guihua Guanli yu Fagui

策划编辑：简晓思	责任编辑：简晓思
封面设计：王亚平	责任监印：朱　玢
出版发行：华中科技大学出版社(中国·武汉)	电话：(027)81321913
武汉市东湖新技术开发区华工科技园	邮编：430223

录　　排：华中科技大学惠友文印中心

印　　刷：武汉科源印刷设计有限公司

开　　本：850mm×1065mm　1/16

印　　张：11

字　　数：186 千字

版　　次：2024 年 8 月第 1 版第 1 次印刷

定　　价：49.80 元

普通高等学校"十四五"规划城乡规划专业精品教材

总　　序

　　《管子》一书《权修》篇中有这样一段话："一年之计,莫如树谷;十年之计,莫如树木;终身之计,莫如树人。一树一获者,谷也;一树十获者,木也;一树百获者,人也。"这是管仲为富国强兵而重视培养人才的名言。

　　"十年树木,百年树人"即源于此。它的意思是说,培养人才是国家的百年大计,既十分重要,又不是短期内可以奏效的事。"百年树人"并不是非得一百年才能培养出人才,而是比喻培养人才的远大意义,要重视这方面的工作,并且要预先规划,长期、不间断地进行。

　　当前,我国城市和乡村发展形势迅猛,急缺大量的城乡规划专业应用型人才。全国各地设有城乡规划专业的学校众多,但能够既符合当前改革形势又适用于目前教学形式的优秀教材却很少。针对这种现状,急需推出一系列切合当前教育改革需要的高质量优秀专业教材,以推动应用型本科教育办学体制和运作机制的改革,提高教育的整体水平,并且有助于加快改进应用型本科办学模式、课程体系和教学方法,形成具有多元化特色的教育体系。

　　这套系列教材整体导向正确,科学精练,编排合理,指导性、学术性、实用性和可读性强。符合学校、学科的课程设置要求。以城乡规划学科专业指导委员会的专业培养目标为依据,注重教材的科学性、实用性、普适性,尽量满足同类专业院校的需求。教材内容上大力补充新知识、新技能、新工艺、新成果;注意理论教学与实践教学的搭配比例,结合目前教学课时减少的趋势适当调整了篇幅。根据教学大纲、学时、教学内容的要求,突出重点、难点,体现了建设"立体化"精品教材的宗旨。

　　这套系列教材以发展社会主义教育事业,振兴城乡规划类高等院校教育教学改革,促进城乡规划类高校教育教学质量的提高为己任,为发展我国城乡规划高等教育的理论、思想,对办学方针、体制,教育教学内容改革等进行了广泛深入的探讨,以提出新的理论、观点和主张。希望这套教材能够真实地体现我们的初衷,真正成为精品教材,受到大家的认可。

中国工程院院士

2007 年 5 月于北京

前　　言

城乡规划管理与法规是城乡规划学科的基础课,是城乡规划专业学生学习的重要基础课程之一。通过对该课程的学习,学生可以了解城乡规划的保障实施过程,建立规划实施的法律意识,掌握与城乡规划有关的法律法规、管理程序和方法,了解城乡规划实施所需要的技术与法律之间的关系,并且奠定良好的法律学专业基础。

随着国土空间规划体系的建立,原有的城乡规划法律法规体系和内容发生了较大变化,而且相关内容一直在不停地完善中,现有城乡规划管理方面的教材大多具有滞后性,已经不能适应当前国土空间规划的技术要求。在此背景下,有必要编制全新的城乡规划管理方面的教材,此为本教材出版的紧迫意义所在。希望本教材的出版,能够给予城乡规划专业的师生和从业者一定的启发,同时具有更广泛的社会意义。

本教材在技术内容方面进行了全面更新,同时重新建立了技术框架,尤其增加了一般性法学和普适性管理学内容。在国土空间规划技术体系内,增加了农业、林草、环境保护、房地产、建设工程等方面的相关法律法规内容,以及对全球范围内主要发达国家和地区城市规划法规体系的研究总结,使本教材的内容更加丰富、全面。

本教材尤其突出了法学和管理学领域的内容,呈现法学、管理学、规划学三足鼎立的格局,突破以往相关教材的构架,使城乡规划管理与法规课程进入全新的发展空间,摆脱因为国土空间规划法律法规体系还未构建成熟带来的困扰,面向未来。

本教材力图从管理学、法学、社会学、心理学等角度对学生进行启蒙,令其了解到管理学的内涵所在,以适应未来的工作和专业需求,使他们在从技术性人才向战略性人才转变的过程中具有初步的知识结构,尽快进入状态,为国家和社会作出更大的贡献。

由于国土空间规划领域的立法工作还未实现,本教材还有很多待完善的内容,未来将持续更新。

编者

2024 年 7 月

目 录

第 1 章　管理学与行政管理学

1.1　管理学概述

管理学是研究组织和管理活动的学科,涵盖多种管理理论、方法和技术,旨在帮助组织实现其目标并有效地利用资源。管理学的核心内容包括组织理论、领导与决策、人力资源管理、营销管理、运营管理、战略管理等,通过理论研究、实证检验和案例分析等方法,为管理者提供丰富的理论知识和实践经验,使其更好地理解和应对组织管理中的各种机遇和挑战。

1.2　行政管理学概述

1.2.1　行政管理与行政管理学

行政管理通常指的是一种实践活动,指各级政府或公共部门在执行法定职能及在具体运作过程中,对所经历的程序、环节,以及所处理的事项和解决的问题等进行的管理活动。行政管理亦称公共行政,原属公共管理的首要和主要组成部分。

行政事务包括内政外交、国防安全、物质文明、政治文明、精神文明、生态文明等范畴。行政管理是管理和调控社会公共事务,提供公共服务和维护公共利益的过程。它涉及具体的行政行为、政策执行、资源管理、公共服务提供等实际操作层面的内容。

行政管理学则是一门研究行政管理的学科,它主要探讨政府或公共部门的行政活动、行政制度、行政过程和行政行为的理论、方法和技术。行政管理学关注的理论问题包括行政体制、行政法、行政伦理、行政决策、行政组织、行政行为、行政改革等,旨在提高行政效率和效能,优化公共资源的配置,以实现公共利益的最大化。

简而言之,行政管理是实际操作层面的活动,而行政管理学则是对这些活动进行研究和探讨的学科。行政管理学为行政管理提供了理论指导和支持,而行政管理的实践经验又可以为行政管理学提供实证材料和反馈,两者相辅相成,共同推动着公共行政领域的发展。

1.2.2　行政职能

行政职能也被称为政府职能,是指行政主体作为国家管理的执行机关或执法机关,在依法对国家政治、经济和社会公共事务进行管理时应承担的职责和所具有的功能。它体现着公共行政活动的基本内容和方向,是公共行政本质的反映。

行政职能主要包括政治职能、经济职能、文化职能和社会职能等。行政职能的具体表现为管理行政区域内的经济和社会发展计划,以及教育、科学、文化事业等,对行政违法行为进行查处,执行行政决定和命令等。

行政职能在公共行政中具有重要的地位,它满足了公共行政的根本要求,是公共行政的核心内容,直接体现了公共行政的性质和方向。同时,它也是政府机构设置的根本依据,政府机构设置必须依据政府职能这一重要标准。此外,政府职能的转变是行政管理体制和机构改革的关键,机构改革必须要根据政府职能的变化来进行。政府职能的实施情况是衡量行政效率的重要标准,公共行政的最终目标在于追求行政效率的不断提高。

行政机关在管理活动中的基本职责和功能是国家职能的具体执行及体现,其行使受立法机关的监督。它发挥的程度又制约和影响其他国家职能的实现程度,体现出执行性、多样性和动态性。

行政职能涉及国家和社会生活的各个方面,根据性质的不同可分为政治统治职能和社会管理职能;根据范围的不同可分为对外职能和对内职能;根据具体领域的不同可分为政治职能、经济职能、文化职能和社会生活职能等基本职能;根据运行过程的不同可分为决策职能、组织职能、协调职能和控制职能等;根据管理层次的不同又有高、中、低层次行政职能之别。

1.2.3　行政环境

行政系统是一个与外部环境密切联系的开放性社会系统,它出于适应外部环境的需要而产生,并与外部环境相互作用。全面考察行政环境,研究外部环境对行政系统的影响,对于我们正确理解行政系统的建立原则、结构特点、运行方式、功能范围、发展规律与历史命运,掌握优化环境的正确途径和科学方法,提高行政管理水平等,具有重要意义。

行政环境包括自然环境和社会环境两种,具体如下。

1. 自然环境

行政环境的自然环境是指行政系统界线之外、未经人工制作存在的事物,主要包括地理状况、人口分布、生态系统等。这些自然环境因素构成了人类从事经济活动的基本物质条件,并对经济发展起着基础作用,决定了经济与地区的发展特色。

自然环境既是物质生产过程中不可缺少的条件,也就必然给予社会生产和生活一定的影响。行政管理必须顺应这一点,同时行政工作也必须考虑对自然条件的维护和有效利用,否则人类的生存条件将恶化,行政的生存空间也将受到制约。

尽管自然环境对行政系统有一定的影响,但总体上并不那么显著。因此,行政系统在适应自然环境的同时,更需要关注和适应那些对其影响更为深刻的社会环境因素。

2. 社会环境

行政环境的社会环境是指在行政系统的界线之外、直接影响行政系统活动并决定其兴衰存亡的各种社会因素的总和。这些因素包括政治、经济、文化、社会、人口、法律等各个方面。

1) 政治环境

政治环境是行政环境中较为重要的部分,所有的行政系统都在不同程度上受到政治环境的影响。政治环境主要包括政治制度、政治体制、政治文化、政策制定与执行等。

2) 经济环境

经济环境主要指的是社会生产力、生产资料所有制、产业结构、市场状况、经济发展水平等。经济环境对于政府的行为有着重要的决定作用,它包括作用于行政系统的物质技术和经济制度。

3）文化环境

文化环境是决定行政组织行为方式的又一重要因素。相对于政治环境和经济环境而言，文化环境对行政组合的影响比较间接，但影响时间更长。文化环境主要包括价值观念、道德规范、风俗习惯、宗教信仰、教育水平等。

4）社会环境

社会环境对行政系统的影响主要体现在社会力量的对比关系、社会舆论的监督作用、社会大众的需求和期望等方面。社会环境主要包括社会组织、社会团体、社会结构、社会关系等。

5）人口环境

人口问题与社会的各个领域存在相互依赖、相互制约的密切关系。人口环境主要包括人口数量、人口质量、人口结构、人口分布等。

6）法律环境

法律环境是指影响行政系统运行的法律、法规、规章等制度性因素。法律环境对行政系统的约束和规范作用日益显著，是行政环境中的重要组成部分。

总之，行政环境的社会环境是一个复杂而多元的系统，它包括了政治、经济、文化、社会、人口、法律等多个方面。行政系统必须适应和应对这些环境因素的变化，以实现行政目标，提高行政效率，满足社会的需求和期望。

1.2.4 行政组织

1. 概念

行政组织有广义和狭义之分。广义的行政组织是指各种从事行政性事务、执行行政职能的组织，既包括政府行政机关，也包括立法机关、司法机关内管理行政事务、履行行政职能的机构，同时还包括政府部门以外的企事业单位和社会团体中管理行政事务的机构。狭义的行政组织是指依法定程序建立、行使国家行政权力、管理社会公共事务的政府组织机构实体，在我国专指中央人民政府（国务院）、地方各级人民政府及其办事机构。

行政组织是行政管理的主体，行政管理活动都是通过行政组织来推行的。行政组织是否精干高效，直接关系到行政职能的实现和行政效率的高低。行政组织是行政管理活动的基础，是社会公共事务管理的主体。任何行政活动都要通过行政组织来完成,只有依靠科学的行政组织,才能有效地行使国家行政管理的职能。

2．特点

行政组织的特点包括政治性、公共性、权威性、法制性和系统性。行政组织作为政治组织,具有鲜明的政治性,反映和服务于国家根本利益,是国家政权的重要组成部分。行政组织的公共性体现在管理公共事务、提供公共服务、维护公共利益等方面。行政组织的权威性则是由其行使的国家行政权力所决定的,具有强制力和约束力。同时,行政组织必须依法设立、依法行使职权,其组织、职权、活动方式等都必须法定化、规范化,具有法制性。另外,行政组织是一个复杂的系统,由不同层级、不同地域、不同职能的行政机关构成,它们之间相互联系、相互制约,共同构成了一个有机整体。

3．类型

行政组织的类型包括领导机关、职能机关、辅助机关、参谋咨询机关和派出机关。

1）领导机关

领导机关也被称为首脑机关或决策机关,是行政组织的决策和指挥中心,具有决策权、指挥权和人事权等,主要负责制定和执行政策、决策和规划。例如,我国的国务院和地方各级人民政府就是领导机关。

2）职能机关

职能机关也被称为执行机关或业务机关,是在领导机关的领导下,组织和管理某一方面事务的机关,主要负责执行领导机关的决定和命令,以及管理某一专业或业务方面的行政事务。例如,各级政府的职能部门,包括教育部、财政部等。

3）辅助机关

辅助机关主要是协助领导机关或职能机关执行任务,处理日常事务,提供必要的保障和服务。例如,各级政府的办公厅、研究室等。

4）参谋咨询机关

参谋咨询机关主要负责收集信息,提供咨询建议,为领导机关或职能机关提供决策支持。例如,各级政府的政策研究室、发展研究中心等。

5）派出机关

派出机关是一级政府根据政务管理的需要,按管辖地区授权委派的代表机关。例如,地方人民政府的驻外办事处等。

以上是行政组织的主要类型,每种类型都有其特定的职责和功能,它们共同构成了行政组织体系。请注意,具体的行政组织设置和职责可能会因国家和地区的不同而有所差异。

4. 结构

行政组织的结构是指行政组织内部各构成部分之间所确定的关系形式。它包括纵向结构和横向结构两个方面。纵向结构即行政组织的层级制,是行政组织纵向分工而形成的层级体系,如中央、省、市、县等层级。横向结构即行政组织的职能分工,是行政组织在横向上的部门划分,如政府部门的各个组成部门。

总之,行政组织是行政管理活动的基础和主体,其类型、特点、结构等都对行政管理的方向和内容产生着深刻影响。同时,行政组织也是政治体制的重要组成部分,其设置、职权、活动方式等都必须符合宪法和法律的规定,以保障公民、法人和其他组织的合法权益。

1.2.5 行政领导

1. 概念

行政领导是指在行政组织中,经选举或任命而拥有法定权威的领导者依法行使行政权力,为实现行政管理目标所进行的组织、决策、指挥、控制等活动的总称。

行政领导的基本构成要素如下。

①行政领导者。行政领导者是在行政中处于决策、指挥地位的个人或集体,是行政管理的主体和关键因素。

②被领导者。被领导者是行政领导者所辖的个人或组织。对行政领导者来说,他们是行政领导的客体;对行政领导行为的作用对象来说,他们又与行政领导者结合,组成行政领导的主体。被领导者的素质和能力,以及他们对完成本职工作的热情、主动性和创造性,在很大程度上决定着行政领导者的绩效。

③作用对象。作用对象是行政领导者和被领导者共同作用的客体。对于不同的作用对象,可采用不同的行政领导方法。

④客观环境。客观环境包括行政领导的内部条件以及外部的政治、经济、文化等方面的实际情况,它是制约行政领导者绩效的主要因素。行政领导者应根据面临的特定环境及其变化,审时度势,因地制宜,确定适用于现时客观环境的领导方法、

领导艺术,以达到最佳领导效果。

行政领导的主要功能如下。

①执行功能,执行国家权力机关、上级行政机关制定的法律、法规、政令和交办的行政任务。

②决策功能,对管辖范围内的行政事务作出决策,并拟定计划,组织实施。

③协调功能,协调各部门、各方面的关系和公务人员之间的关系,创造有效的沟通形式,使他们团结一致地完成任务。

④激励功能,采取物质奖励和精神鼓励的形式激励部属,调动他们的工作积极性和创造性。

⑤指导功能,在授权下级处理各项具体行政事务的同时,对他们实施指导,以利于各项行政工作顺利开展。

⑥检查功能,对所属行政机关及其公务人员实行经常的、有效的检查和监督。

2. 行政领导的素质问题

行政领导素质具有双重含义:一是指行政领导者的内在素质,即行政领导者的生理、心理、文化、思想、政治、道德等因素;二是指这些要素和能力的发展程度或实际水平。行政领导素质延伸开来还包括能力素质、专业素质、组织管理素质、廉洁自律素质等。总之,行政领导的素质水平对国家行政事业水平具有重要意义。

复习思考题

①请简述行政职能的类别和范围。

②请简述影响行政环境的因素。

③请简述行政系统与外部环境的互依性。

第 2 章 法 理 学

2.1 法的定义

一般地，我们把所有的法统称为法律。法律的定义有广义和狭义之分。广义的"法律"指法律的整体，包括宪法、全国人民代表大会及其常务委员会制定的法律、国务院制定的行政法规、法定的地方国家权力机关制定的地方性法规、民族自治地方的人民代表大会制定的自治条例和单行条例等。狭义的"法律"仅指全国人民代表大会及其常务委员会制定的法律。

法律是由国家制定或认可并以国家强制力保证实施的，反映由特定物质生活条件所决定的统治阶级意志的规范体系。法律体现统治阶级的意志。

法律是由享有立法权的立法机关行使国家立法权，依照法定程序制定、修改并颁布，并由国家强制力保证实施的基本法律和普通法律的总称。

根据宪法和相关法律规定，当代中国制定法主要包括以下内容。

宪法：我国的根本法，治国安邦的总章程，我国社会主义法律的基本渊源。

法律：专指由国家最高权力机关及其常设机关，即全国人民代表大会和全国人民代表大会常务委员会制定并颁布的规范性文件，其法律效力仅次于宪法。

行政法规：专指由国家最高行政机关——国务院在法定职权范围内为实施宪法和法律制定的有关国家行政管理的规范性文件，其法律效力仅次于宪法和法律。

监察法规：国家监察委员会根据宪法和法律制定的一种法规。

地方性法规：省、自治区、直辖市、设区的市、自治州的人民代表大会及其常务委员会根据本地区的具体情况和实际需要，在法定权限内制定、发布的适用于本地区的规范性文件。

自治条例和单行条例：根据宪法、组织法和民族区域自治法的规定，民族自治地方的人民代表大会有权根据当地民族的政治、经济和文化的特点，制定自治条例和单行条例。

特别行政区基本法及特别行政区的法律：国家在必要时设立特别行政区。在特别行政区内实行的制度按照具体情况由全国人民代表大会以法律规定。

行政规章：包括部门规章和地方人民政府规章。部门规章即国务院各部、委员会、中国人民银行、审计署和具有行政管理职能的直属机构，根据法律和国务院的行政法规、决定、命令，在本部门的权限范围内制定的规章。地方人民政府规章由省、自治区、直辖市和设区的市、自治州的人民政府，根据法律、行政法规和本省、自治区、直辖市的地方性法规制定。

国际条约：两个或两个以上国家就政治、经济、贸易、军事、法律、文化等方面的问题确定其相互权利和义务关系的协议。

国际惯例：广义的国际惯例泛指国际习惯法，狭义的国际惯例主要指国际民事和经济交往中具有普遍性和一定法律约束力的习惯做法。

习惯：可以作为非正式的或补充性的法律渊源，在不违背公序良俗的前提下，习惯可以作为民事裁判的依据。

政策：通常指国家组织、政党或其他政治组织为达到一定时期的政治目标、处理国家事务及社会公共事务，提出并贯彻的路线、方针、规范和措施的总称。

法律是从属于宪法的强制性规范，是宪法的具体化。宪法是国家法的基础与核心，法律则是国家法的重要组成部分。截至 2024 年 4 月，我国现行有效的法律有 302 件。

2.2　法的发展历史

2.2.1　西方法学进程

西方法学进程可以分为四个阶段，即起源阶段、奠基阶段、接续阶段和鼎盛阶段。

西方法学始于古希腊，古希腊的哲学、政治学、伦理学、文学以及美学相对发达，以雅典为代表的城邦国家出现影响人类历史的法学概念，但以习惯法为主，成文法不多。苏格拉底之死是引发法学思考的第一次重大契机，涉及恶法的效力和守法义务来源的问题。

古罗马时期则是法学的奠基阶段,此阶段为法学的发展奠定了坚实的基础。

中世纪后期是法学的接续阶段,因为该时期宗教处于强势地位,独立法学消失,此阶段法学的发展受到了一定的限制。14 世纪开始的文艺复兴和 16 世纪开始的宗教改革运动使西方法学朝着世俗化的方向发展和变革。

近代则是法学的鼎盛阶段,此阶段法学得到了全面的发展,形成了多个法学流派和理论体系,为现代法学的发展奠定了基础。17 世纪资产阶级革命和大规模商品经济推进了法学的解放(自然人权论)。18 世纪末法学作为独立学科出现,直到 20 世纪法学开始社会化。

以上四个阶段并不是孤立存在的,它们之间有着密切的联系和互动。古希腊和古罗马的法学思想对后世法学的发展产生了深远的影响,而中世纪后期和近代的法学则在前人的基础上不断发展和完善。因此,了解西方法学进程有助于我们更好地理解现代法学的发展和演变。

2.2.2 东方法学进程

东方法学进程同样具有悠久的历史和丰富的内涵,其发展脉络受到地理、文化、历史和社会制度等多重因素的影响。与西方法学相比,东方法学在发展过程中展现出独特的特点和趋势。以中国法学为例,中国法学进程历史悠久,其发展脉络大致可以分为以下几个阶段。

1. 先秦时期的法学萌芽

在中国古代,法学思想尚未形成独立的学科体系,而是蕴含在伦理、政治、哲学等思想之中。夏、商、西周时期出现以天命和宗法制度为核心的法律思想。先秦时期,法家思想的兴起标志着中国法学思想的萌芽。法家主张以法治国,强调法律的权威性和普遍性,反对礼治和德治。这一时期的法学思想对中国古代法律体系的形成产生了深远的影响。

2. 秦汉至唐代的法学发展

秦汉时期,中国统一了法律制度,形成了较为完备的刑法、民法等法律体系。同时,儒家思想逐渐占据了主导地位,强调礼治和德治,对法学思想产生了重要影响,形成以儒家思想为主导的中国社会治理体系。在这一时期,法学逐渐从哲学、伦理等学科中独立出来,成为一门独立的学科。

三国时期,在一定范围内出现了法学昌明的景象,在长期的封建社会中,律学是正统的法学。

唐代是中国封建社会的鼎盛时期,也是法学发展的高峰期。唐代法律体系完备,法律条文详细,法律适用严谨。同时,唐代还涌现出了一批杰出的法学家,如长孙无忌、房玄龄等,他们的法学著作对后世法学发展产生了深远影响。

3. 宋元明清时期的法学变革

宋元明清时期,中国封建社会逐渐走向衰落,法学思想也经历了重大变革。宋代出现了"理学"思潮,强调天理、人性等哲学问题,对法学思想产生了深刻影响。明代则出现了"心学"思潮,主张心即理、知行合一等思想,对法学思想产生了新的影响。在这一时期,法学逐渐摆脱了儒家思想的束缚,开始吸收和借鉴西方法学思想。

4. 近代以来的法学转型

近代以来,中国法学经历了重大的转型和变革。一方面,随着西方列强的侵略和西方文化的传入,西方法学思想开始对中国法学产生影响,启动中国近代法学研究的大门。民国时期,官方移植西方资产阶级的法律作为理论依据。另一方面,随着新中国的成立以及中国社会的变革和现代化进程的加速,中国法学开始了马克思主义法学的建设进程,并逐步向现代化、国际化的方向发展。

2.3　法的基本特征、基本原则与功能局限性

2.3.1　基本特征

法的基本特征包括以下方面:

①法是调整人们行为的规范,具有规范性和普遍性;

②法是由国家制定或认可的社会规范,具有国家意志性和权威性;

③法是以权利和义务为内容的社会规范,具有权利和义务的一致性;

④法是由国家强制力保证实施的社会规范,具有国家强制性和程序正当性。

2.3.2 基本原则

1. 政策性原则与公理性原则

政策性原则是一个国家或民族出于一定的政策考量而制定的一些原则,如我国宪法中规定的四项基本原则、"依法治国,建设社会主义法治国家"的原则、"国家实行社会主义市场经济"的原则等。公理性原则,即由法律原理(法理)构成的原则,是由法律上之事理推导出来的法律原则,是严格意义的法律原则,例如法律平等原则、诚实信用原则、等价有偿原则、无罪推定原则、罪刑法定原则等。

2. 基本法律原则和具体法律原则

基本法律原则是整个法律体系或某一法律部门所适用的、体现法的基本价值的原则,如宪法所规定的各项原则。具体法律原则是在基本法律原则指导下适用于某一法律部门中特定情形的原则,如(英美)契约法中的要约原则和承诺原则等。

3. 实体性原则和程序性原则

实体性原则是直接涉及实体法问题(实体性权利和义务等)的原则,宪法、民法、刑法、行政法中所规定的多数原则就属于此类。程序性原则是直接涉及程序法(诉讼法)问题的原则,如诉讼法中规定的"一事不再理"原则、辩护原则、非法证据排除原则、无罪推定原则等。

2.3.3 功能局限性

法的功能局限性表现在以下方面:

①法律调整的范围是有限的;

②法的特性与社会生活的现实之间存在着矛盾;

③法的制定和实施受人的因素影响;

④法的实施受政治、经济、文化等社会因素影响。

2.4 法的类型

法的类型主要有以下几种。

1. 成文法与不成文法

按照法的创制方式和表达形式的不同,可将法律分为成文法和不成文法。成文法是指由国家特定机关制定和公布,并以成文形式出现的法律。不成文法是指由国家认可其法律效力,但又不具有成文形式的法,一般指习惯法。

2. 实体法与程序法

按照法律规定内容的不同,可将法律分为实体法与程序法。实体法是指以规定和确认权利与义务或职权与职责为主的法律,如民法、刑法、行政法等。程序法是指以保证权利和义务得以实施或职权和职责得以履行的有关程序为主的法律,如民事诉讼法、刑事诉讼法、行政诉讼法等。

3. 根本法与普通法

按照法律的地位、效力、内容和制定主体、程序的不同,可将法律分为根本法与普通法。这种分类方式通常只适用于成文宪法制国家。在成文宪法制国家,根本法即宪法,普通法指宪法以外的法律。

4. 一般法与特别法

按照法律适用范围的不同,可将法律分为一般法与特别法。一般法是指针对一般人、一般事、一般时间,在全国普遍适用的法;特别法是指针对特定人、特定事或特定地区,在特定时间内适用的法。

5. 国内法与国际法

按照法律的创制主体和适用主体的不同,可将法律分为国内法与国际法。国内法是指在一主权国家内,由特定国家法律创制机关创制的并在本国主权所及范围内适用的法律;国际法则是由参与国际关系的国家通过协议制定或认可的,并适用于国家之间的法律,其形式一般是国际条约、国际协议等。

2.5　法的效力

法的效力也称法律的适用范围,是指法律对哪些人,在什么空间、时间范围内有效。狭义上的法律效力是指规范性法律文件的效力,广义上的法律效力还包括非规范性法律文件的效力。

法律效力包括对人的效力、空间效力和时间效力三个方面。法律对人的效力是指法律对谁有效力,适用于哪些人。法律的空间效力是指法律在哪些地域范围内发生效力。法律的时间效力是指法律何时生效、何时终止效力,以及法律对其颁布实施前的事件和行为有无溯及力。

法的效力等级包括以下方面：

①上位法的效力高于下位法的效力；

②特别法的效力优于一般法的效力；

③新法的效力优于旧法的效力。

2.6 中国的法律体系

中国特色社会主义法律体系，主要由七个法律部门和三个不同层级的法律规范构成，它们共同构成了一个部门齐全、层次分明、结构协调、体系科学的法律体系。七个法律部门是宪法及其相关法、民商法、行政法、经济法、社会法、刑法、诉讼与非诉讼程序法。三个不同层级的法律规范是法律，行政法规，地方性法规、自治条例和单行条例。下面介绍七个法律部门。

2.6.1 宪法及其相关法

宪法是国家的根本大法，具有最高的法律效力。实行依法治国基本方略，首先要全面贯彻实施宪法。除了宪法这一居于主导地位的规范性法律文件，宪法部门还包括主要国家机关组织法、选举法、民族区域自治法、特别行政区基本法、立法法、国籍法等附属的较低层次的相关法律。

2.6.2 民商法

民商法是规范社会民事和商事活动的基础性法律。我国采取民商合一的立法模式。民法是调整作为平等主体的公民之间、法人之间、公民和法人之间等的财产关系和人身关系的法律。商法是调整平等主体之间的商事关系或商事行为的法律。商法是一个法律部门，但民法规定的有关民事关系的很多概念、规则和原则也适用于商法。

《中华人民共和国民法典》是民事领域的基础性、综合性法律。2020年5月28日，第十三届全国人民代表大会第三次会议表决通过了《中华人民共和国民法典》，自2021年1月1日起施行。《中华人民共和国婚姻法》《中华人民共和国继承法》《中华人民共和国民法通则》《中华人民共和国收养法》《中华人民共和国担保法》《中华人民共和国合同法》《中华人民共和国物权法》《中华人民共和国侵权责任法》《中华人民共和国民法总则》同时废止。

2.6.3 行政法

行政法是调整有关国家行政管理活动的法律关系的总和,是调整国家行政机关与行政管理相对人之间因行政管理活动而产生的社会关系的法律规范的总称。它包括规定行政管理体制的规范,确定行政管理基本原则的规范,规定行政机关活动的方式、方法、程序的规范,规定国家公务员的规范等。

2.6.4 经济法

经济法是调整国家在经济管理中发生的经济关系的法律。我国最主要的经济法有《中华人民共和国反不正当竞争法》《中华人民共和国反垄断法》等。国家对土地、货币、税收等进行管理的法律也归于经济法。

2.6.5 社会法

社会法是我国近年来在完善市场经济法律体系中应运而生的新兴法律门类和法律学科。社会法主要包括《中华人民共和国劳动法》《中华人民共和国劳动合同法》《中华人民共和国工会法》《中华人民共和国未成年人保护法》《中华人民共和国老年人权益保障法》等。

2.6.6 刑法

刑法是规定犯罪、刑事责任和刑罚的法律规范的总和,是国家对严重破坏社会关系和社会秩序的犯罪分子定罪量刑的根据。刑法可分为广义刑法和狭义刑法。广义刑法是指一切规定犯罪、刑事责任和刑罚的法律规范的总和,包括刑法典、单行刑法、附属刑法等;狭义刑法仅指刑法典。在刑法这一法律部门中,占主导地位的规范性文件是《中华人民共和国刑法》,一些单行法律、法规的有关条款也可能规定刑法规范,如《中华人民共和国文物保护法》中有关文物犯罪的准用性条款的内容。

2.6.7　诉讼与非诉讼程序法

程序法是规定以保证权利和职权得以实现或行使、义务和责任得以履行的有关程序为主要内容的法律。诉讼与非诉讼程序法指调整因诉讼活动和非诉讼活动而产生的社会关系的法律规范的总和。这方面的法律是公民权利实现的最重要保障，其目的在于保证实体法的公正实施，如《中华人民共和国行政诉讼法》《中华人民共和国民事诉讼法》《中华人民共和国刑事诉讼法》等。此外，还包括调解、仲裁等方面的法律。

2.7　法的运行

法的运行是一个动态过程，主要包括法律制定（立法）、法律遵守、法律执行、法律适用和法律监督等环节。这个过程是连续不断、周而复始的。

2.7.1　法律制定

法律制定是法的运行的起始环节和法的基础。它是有立法权的国家机关依照法定职权和程序制定、认可、修改、补充和废止规范性法律文件以及认可法律解释活动的总称。

法律制定，也称为立法，有广义与狭义之分。广义的立法指国家机关依照法定职权和程序，制定、修改和废止一切法律和其他规范性法律文件的活动；狭义的立法仅指国家最高权力机关及其常设机关制定法律的活动。实际上，后者外延较小，仅适用于中央层面，在我国也叫"国家立法"，其对立法活动的要求比较严格。

法律制定是国家机关的重要活动，它把统治阶级的意志上升为国家意志，具有权威性。同时，这一过程需要依照法定程序进行，以确保立法的合法性和有效性。此外，法律制定必须体现人民的意志，发扬社会主义民主，保障人民通过多种途径参与立法活动，使法律真正反映人民的利益和意愿。

在制定法律时，应遵循宪法的基本原则，如以经济建设为中心、坚持社会主义道路、坚持人民民主专政、坚持中国共产党的领导等。同时，法律规范应当明确、具体，具有针对性和可执行性，以适应经济社会发展和全面深化改革的要求。

2.7.2　法律遵守

法律遵守,也称为守法,是指公民、社会组织和国家机关以法律作为自己行动的守则,按照法律行使权利(职权),履行义务(职责),是将法律施行于自身的活动。

一切违反宪法和法律的行为,必须予以追究,任何组织或者个人都不得有超越宪法和法律的特权。

法律遵守的意义如下:

①认真遵守法律是广大人民群众实现自己根本利益的必然要求;

②认真遵守法律是建设社会主义法治国家的必要条件。

2.7.3　法律执行

法律执行,简称执法,广义的法律执行是指所有国家行政机关、司法机关及其公职人员依照法定职权和程序实施法律的活动,狭义的法律执行是指国家行政机关及其公职人员依法行使管理职权、履行职责、实施法律的活动。人们把行政机关称为执法机关,就是在狭义上适用执法。

法律执行的特点如下:

①法律执行以国家的名义对社会进行全面管理,具有国家权威性;

②法律执行的主体是国家行政机关及其公职人员;

③法律执行具有国家强制性,行政机关执行法律的过程同时是行使执法权的过程;

④法律执行具有主动性和单方面性。

法律执行的主要原则如下:

①依法行政的原则;

②讲求效能的原则;

③公平合理的原则。

2.7.4　法律适用

法律适用,通常是指国家机关及其公职人员根据法定职权和法定程序,具体应用法律处理案件的专门活动。由于这种活动是以国家名义来行使的,因此也被称为"司法"。

法律适用的特点如下：

①法律适用是由特定的国家机关及其公职人员，按照法定职权实施法律的专门活动，具有国家权威性；

②法律适用是司法机关以国家强制力为后盾实施法律的活动，具有国家强制性；

③法律适用是司法机关依照法定程序、运用法律处理案件的活动，具有严格的程序性及合法性；

④法律适用必须有表明法律适用结果的法律文书，如判决书、裁定书和决定书等。

法律适用的原则如下：

①中立性原则；

②公开原则；

③审判独立原则；

④检查监督原则。

2.7.5　法律监督

法律监督，又称为法制监督，有广义、狭义两种理解。广义的法律监督是指由所有的国家机关、社会组织和公民对各种法律活动的合法性所进行的监察和督促。狭义的法律监督是指有关国家机关依照法定职权和程序，对立法、执法和司法活动的合法性进行的监察和督促。

法律监督的主体可概括为以下三类。

①国家机关，包括国家权力机关、行政机关和司法机关。这种监督是以国家的名义进行的，具有法律强制力，在一国的法律监督体系中处于核心地位。

②社会组织，包括各个政党、社会团体、群众组织和企业、事业单位。

③公民。按照人民主权原则，每个公民都是政治权利的主体和国家的主人，因而每个人都可以成为监督主体。

法律监督的客体如下。

①一种观点认为，法律监督的客体为所有人，包括从事各种法律活动的国家机关、社会团体和公民个人。

②另一种观点认为，法律监督的客体是国家机关及其公职人员。

法律监督的主要内容是国家机关及其公职人员的公务活动的合法性。这里的合法性包括两个方面,即行为内容是否合法与行为程序是否合法。

根据国家机关的性质及其权力操作的方式和内容的不同,法律监督内容的范围包括对国家机关制定的规范性法律文件的合法性的监督,以及对行政执法和司法活动的合法性的监督,每一个方面都包括内容和程序是否合法。

2.8 法与社会

法与社会有着密切的联系,二者相互影响、相互作用。

社会决定法律。法律是社会的产物,它随着社会的产生而产生、发展而发展。不同的社会性质和阶段会产生不同性质的法律。同时,社会物质生活条件最终决定着法的本质。社会是法律的基础和前提,法律不能脱离社会而独立存在。

法律反作用于社会。法律通过其规范作用,调整社会关系,维护社会秩序,保障社会公正和人民权益,促进社会发展。法律的制定和实施都需要考虑社会的实际情况及需求,只有符合社会实际的法律才能发挥其应有的作用。

因此,法与社会是相互依存、相互促进的关系。在现代社会中,法律的作用越来越重要,它不仅是维护社会秩序和保障人民权益的工具,也是推动社会进步和发展的重要力量。法与社会的联系主要包括法与政治、法与经济、法与文化和法与社会建设四个方面。

2.8.1 法与政治

法与政治之间存在着密切的关系。法律是政治的一种表现形式,是政治上层建筑的重要组成部分。

政治对法律具有决定性作用。政治在上层建筑中居于主导地位,因而在总体上法律的产生和实现往往与一定的政治活动相关,其反映和服务于一定阶级的政治。法律的内容、性质、作用和发展变化等,都受到政治的影响和制约。法律是统治阶级意志的体现,而统治阶级的意志往往是通过政治活动和政治决策来体现和实现的。因此,政治对法律具有决定性作用。

法律对政治具有反作用。法律作为上层建筑的重要组成部分,可以对政治产生积极或消极的影响。一方面,法律可以通过其规范作用,调整社会关系,维护社会秩序,保障社会公正和人民权益,为政治的稳定和发展提供有力的支撑及保障;另一方面,如果法律不适应政治发展的要求,或者法律的实施受到阻碍和破坏,就可能会对政治产生消极的影响,甚至阻碍政治的发展。

2.8.2 法与经济

法与经济之间存在着密切的联系。马克思主义认为,法作为阶级社会的上层建筑现象,归根结底是由一定的经济基础决定的。

经济基础对法律具有决定性作用,表现在以下两个方面。

第一,经济基础的性质决定着法律的性质。在阶级对立的社会中,法律反映了在经济上居于统治地位的阶级的意志。因此,法律的阶级性、国家意志性等特性都是由经济基础决定的。

第二,经济基础的发展变化决定着法律的发展变化。随着社会经济基础的改变,法律也必然会发生相应的改变。法律的产生、发展和变化,都受到经济基础的制约和影响。

法律对经济基础具有重大的反作用。法律能够确认、保护和发展它赖以建立的经济基础,限制、禁止不利于统治阶级的生产关系的产生和发展。法律通过其规范作用,保护经济基础的稳定地发展,促进经济的繁荣和进步。此外,法律还可以通过引导和教育作用,提高人们的法律意识和经济意识,推动经济的发展和社会的进步。

2.8.3 法与文化

法与文化之间存在着密切的联系。法律作为社会规范的一种形式,反映了社会的文化特征和价值观念,同时也对文化的发展和传承产生着影响。

文化对法律具有影响作用。法律是文化的产物,它反映了社会的文化特征和价值观念。在不同的文化背景下,法律的形式、内容和实施方式有所不同。例如,在一些传统文化中,尊重长辈、重视家族观念等价值观念对法律产生了深刻的影响,使得家庭法、继承法等相关法律在这些文化中具有重要的地位。同时,文化也对法律的解释和适用产生影响,不同的文化背景可能会导致对同一法律规定的不同理解和解释。

法律对文化具有反作用。法律作为社会规范的一种形式,可以保护和传承优秀的文化传统及价值观念,同时也可以通过规范作用引导人们形成正确的文化观念和行为方式。例如,一些国家通过制定法律法规来保护和传承本国的文化遗产,促进文化多样性和文化创新。同时,法律也可以通过制裁作用,打击文化领域中的违法犯罪行为,维护文化市场的秩序和公平竞争。

2.8.4 法与社会建设

法与社会建设之间存在密切的关系,法律在社会建设中扮演着重要的角色。社会建设是指通过一系列的社会政策和措施,促进社会和谐、稳定地发展,提高人民的生活质量和幸福感。法律作为社会规范的一种形式,对于社会建设具有重要的推动作用。

法律可以为社会建设提供制度保障。法律具有强制力和约束力,可以规范社会行为,维护社会秩序,保障人民的合法权益。在社会建设中,法律可以为各种社会政策和措施提供制度保障,确保它们的顺利实施和有效执行。例如,在环境保护、教育、医疗、社会保障等领域,政府可以制定相关的法规和政策,规范相关行为,保护人民的权益,推动社会建设的顺利进行。

法律可以促进社会公平正义。社会建设的重要目标之一是实现社会公平正义,让每个人都能够享受到公正、平等的社会环境和机会。法律作为社会公正的象征和保障,可以通过其规范作用和制裁作用,打击社会不公和不平等现象,维护社会公正和平等。例如,在法律面前人人平等的原则下,法律可以为弱势群体提供法律援助和保护,维护他们的合法权益,促进社会公平正义的实现。

法治和人治在多个方面存在根本区别。首先,在基础上,法治建立在民主的基础之上,强调法律的普遍适用性和平等性;而人治则建立在个人专断与独裁基础上,法律的制定和实施往往受到个人意志的影响。其次,在特点上,法治具有统一性、稳定性、权威性的特点,以国家强制力为后盾,能够有效地制裁违法行为,保证社会的稳定和有序发展;而人治则呈现出随意性、多变性的弊端,容易造成社会的不稳定。最后,在体现的原则上,法治体现平等的原则,法律面前人人平等;而人治则体现不平等的原则,往往存在特权和歧视。

党的十八届四中全会通过的《中共中央关于全面推进依法治国若干重大问题的

决定》提出，全面推进依法治国，必须坚持走中国特色社会主义法治道路，进一步明确了建设社会主义法治国家的性质和方向，具有重大现实意义和深远历史意义。中国特色社会主义法治道路是中国共产党领导人民开创的符合中国国情、体现鲜明中国特色、顺应人类法治文明发展趋势的社会主义法治道路。这条道路既坚持了科学社会主义的基本原则，又根据时代发展的要求赋予其鲜明的中国特色，是当代中国发展进步的基础和保障。在实现中华民族伟大复兴的新征程上，我们要始终高举中国特色社会主义伟大旗帜，坚定不移走中国特色社会主义法治道路，为全面建设社会主义现代化强国、实现中华民族伟大复兴的中国梦提供有力的法治保障。

法治是实现和谐社会的重要保障和基础。首先，法治可以为和谐社会提供制度保障。和谐社会要求社会依照一定的规则有序运行，反对社会运行的混乱与无序。而法治正是为了保障社会有序运转及和谐运行而存在的，它通过制定和实施法律来规范社会行为，维护社会秩序，保障人民的合法权益。只有具备完备的法律制度，社会成员才可能和睦相处，社会关系才可能和谐畅通。其次，法治可以促进社会的公平正义。和谐社会是"和而不同"的社会，承认个体独立和个体差异，需要有一种能够平衡各方利益、化解社会矛盾的机制。法治通过其规范作用和制裁作用，可以打击社会不公和不平等现象，维护社会公正和公平，妥善协调社会各方面利益，切实维护好不同群体的自身利益，这样可以有效地缓解社会矛盾，减少社会冲突，为构建和谐社会创造有利条件。

法治对于构建和谐社会具有重要的作用。要实现社会主义和谐社会，必须加强法治建设，完善法律制度，提高法律实施的效果和质量，使法律成为维护社会公正、促进社会和谐的有力保障。同时，也需要注重法律教育和法律文化的普及，提高全民的法律意识和法律素质，形成全社会遵法、学法、守法、用法的良好氛围。

复习思考题

①请简述中国法律体系分类。

②请简述法律是如何运行的。

③请简述法的功能与法的效力的关系。

④谈谈对法律功能局限性的认知。

第 3 章　城乡规划行业发展历程

行业,是指从事国民经济中同样性质的生产、服务和其他经济社会活动的经营单位或者个体的组织结构体系。城乡规划行业是由从事城乡规划相关工作的企事业单位、社会组织和个体共同形成的组织结构体系,主体是各类城乡规划设计和咨询机构。

中国城乡规划行业在近代以来便有所发展。新中国成立前,一些沿海城市特别是受西方国家影响的城市,较早地开始进行具有现代意义的城市规划实践活动。比如,受外国租界先进的建设管理模式、整洁的城市卫生面貌的影响,国内开始了对城市老城、旧城的工程改造,具体包括修马路,建公共卫生间、市场和公园等,以改善城市环境和面貌。城乡规划行业技术不断积累,但受政治环境的影响,发展较为缓慢。同时,城乡规划行业的发展与中国工业化和城镇化进程密不可分。本书重点对新中国成立后中国城乡规划行业的发展历程进行阐述,并将其划分为四个阶段。

3.1　中国城乡规划行业的四个发展阶段

3.1.1　起步阶段(1949—1978 年)

新中国成立初期,中国的城市规划受苏联影响巨大,中国开始"以苏为师",参照苏联模式进行工业化和城市建设。当时,参照欧美"先发展轻工业,再发展重工业"的路径设定曾被讨论过,但中央政府最终还是选择了参照苏联"优先发展重工业"的发展模式。后受抗美援朝战争影响,针对新中国工业领域和城市建设薄弱的现状,苏联同意援助我国进行工业化建设,共援助了 156 个项目,作为工业核心项目。其中一些被纳入《中华人民共和国发展国民经济的第一个五年计划》,简称"一五"(1953—1957 年)计划,如图 3-1 所示。"一五"计划的落实,奠定了新中国的工业基础,推动了早期工业城市建设的浪潮,促进了新中国城市建设的起步发展。苏联在新中国的首个城市规划实践发生在东北,即长春第一汽车制造厂居住街坊规划设计,该项目成为 1949 年后我国城市规划最早的"苏联经验"。

图 3-1 "一五"计划

"一五"期间,我国政府把相当大一部分苏联援建的工程和限额以上项目落位在工业基础相对薄弱的内地。选址统筹考虑了我国工业资源的分布条件,将钢铁企业、有色金属冶炼企业、化工企业等设置在矿产资源丰富及能源供应充足的中西部地区,将机械加工企业设置在原材料生产基地附近。

最终投入施工的 150 个项目中,包含民用企业 106 个,国防企业 44 个。106 个民用企业中,50 个布置在东北地区,29 个布置在中部地区,21 个布置在西部地区。44 个国防企业中,布置在中西部的企业高达 35 个。150 个项目实际完成投资 196.1 亿元。其中,东北地区投资 87.0 亿元,占比 44.4%;中部地区投资 64.6 亿元,占比 32.9%;西部地区 39.2 亿元,占比 20.0%。

这一时期,我国的城市规划工作具有开创性,城市规划的主要任务是落实国家计划,注重建设项目的安排,由此出现了一些"新型工业城市",如太原、包头、兰州、西安、武汉、大同、成都、洛阳等。我国从落实国家 156 项重大建设工程的选址,到编制 150 个城市的城市规划;从引进学习苏联规划理论、方法、技术标准,到着手建立我国的城市规划理论、方法体系和制订有关技术标准;从开展城市规划人才培养,到建立城市规划工作体制等,开展了一系列的城市规划理论建设和实践工作,奠定了早期城市规划理论与工作的基础。在此阶段,我国成立了大量的城市规划院,它们作为我国城市规划制度和体系的重要组成部分,极大地受到 20 世纪 50 年代苏联模式的影响。

3.1.2　恢复阶段(1979—1989 年)

改革开放后,我国全面恢复受"文化大革命"影响一度终止的城市规划工作,并开始丰富城市规划的工作内容。首先,加强各级规划编制,包括开展新一轮城市总体规划编制,开始全国和部分地区城镇布局规划纲要、历史文化名城保护规划、风景名胜区规划、乡镇规划的编制,引导乡镇发展、村庄规划等的编制。其次,加强规划理论建设,编写了大量城市规划教材,城市规划逐步成为一门独立学科和一个工作体系。再次,加强专业团队培育,各地城市规划设计研究院逐步恢复和建立,科技人才队伍进一步发展壮大。最后,加强规划法制建设,1984 年国务院颁布《城市规划条例》,在指导思想上注重控制城市人口、用地规模。

3.1.3　规范阶段(1990—2017 年)

1990 年,《中华人民共和国城市规划法》(图 3-2)正式实施,为各地的城市规划编制和管理工作提供了有力的依据,对全国规划实践工作的开展和深化以及制度建设起到了巨大的推动作用。1993 年,《村庄和集镇规划建设管理条例》颁布,随后一系列城乡规划法律法规相继颁布,推动了我国城市规划编制和实施步入法治轨道。这一时期,伴随着我国社会主义市场经济体制的建立,国有土地使用权出让转让制度得以实施,我国城市建设快速发展。

为适应新时期城市发展建设需求,20 世纪 90 年代中期,我国开始第二轮城市总体规划编制工作(图 3-3),力求探索适应市场经济发展要求的城市规划编制方法,并且开始注重控制性详细规划对土地开发的引导和规划控制。1994 年,中国城市规划协会正式成立,标志着城市规划作为一个独立的行业得到普遍认可。

1998 年,国土资源部的成立和《中华人民共和国土地管理法》的修订,赋予了土地利用规划强势的地位,城市规划对土地利用规模和布局的管控作用受到严重的削弱。2006 年后,发展计划改为发展规划,以及国家主体功能区划的推出,强化了发展和改革部门对空间的干预力度。在国家层面的竞争中,由建设部门主管的城市规划逐渐落于下风。

2001 年中国加入 WTO 后,规划设计市场全面开放,中国城市规划行业的市场化格局逐渐形成。但实际上,城市规划、土地利用规划及国民和社会经济发展规划

图 3-2 《中华人民共和国城市规划法》　　　　图 3-3 进入法制建设阶段的城市总体规划

等由各部门分管的规划类型仍然存在多个轨道,在规划实践中产生了诸多问题。

3.1.4 整合阶段(2018 年至今)

　　根据党的十九大和十九届三中全会部署,深化党和国家机构改革,针对国土空间资源管理的需求,2018 年国家将国土资源部的职责,国家发展和改革委员会的组织编制主体功能区规划职责,住房和城乡建设部的城乡规划管理职责,水利部的水资源调查和确权登记管理职责,农业部的草原资源调查和确权登记管理职责,国家林业局的森林、湿地等资源调查和确权登记管理职责,国家海洋局的职责,国家测绘地理信息局的职责整合,组建自然资源部,作为国务院组成部门(图 3-4)。

　　2019 年 5 月,《中共中央　国务院关于建立国土空间规划体系并监督实施的若干意见》印发,提出以习近平新时代中国特色社会主义思想为指导,全面贯彻党的十九大和十九届二中、三中全会精神,紧紧围绕统筹推进"五位一体"总体布局和协调推进"四个全面"的战略布局,坚持新发展理念,坚持以人民为中心,坚持一切从实际出发,按照高质量发展要求,做好国土空间规划顶层设计,发挥国土空间规划在国家规划体系中的基础性作用,为国家发展规划落地实施提供空间保障。

　　自此,我国正式完成多规合一在行政层面上的整合,将传统城乡规划改革为国土空间规划,设立国家级、省级、市级、县级、乡镇级共五级,总体规划、详细规划和相

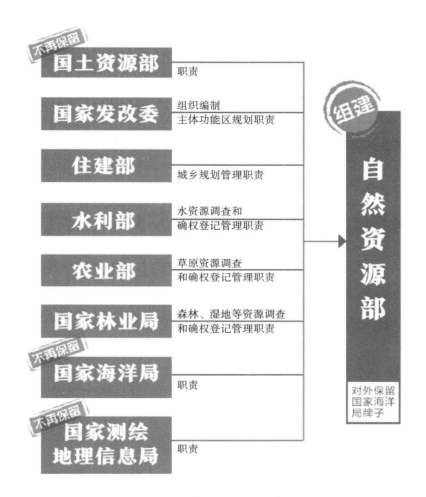

图 3-4　国务院机构改革完全图

（图片来源：微博@人民日报）

关专项规划共三类的"五级三类"体系,极大地改变了城乡规划行业的发展方向和态势。

3.2　中国的工业化与城镇化进程

　　中国城乡规划行业发展与城镇化及工业化进程密不可分。1949—2023 年,中国城镇化率从 10.64% 提高到 66.16%。城市是工业化的载体,其劳动生产率要高于非城镇化地区,从经济地理学的角度,通过劳动、技术和资本等要素的集聚,城市将不断提升其规模和竞争力。在中国城镇化的进程中,城镇化模式、主导产业和要素聚集等均不断发生变化,不仅包含工业化的演进,而且包含创新形态的变化。根据相关研究,中国城镇化与工业化发展基本保持同步。

伴随人口持续增长(图 3-5),中国已经走过了城镇化发展的几个阶段:1978 年以前提升非常缓慢;从 1978 年开始,城镇化率开始稳步提升,并在 1995 年首次超过 30%;之后,城镇化率继续稳步提升,并在 2010 年超过 50%,在 2019 年超过 60%(图 3-6)。

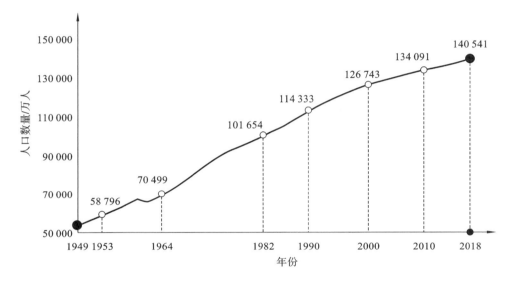

图 3-5 中国人口增长趋势

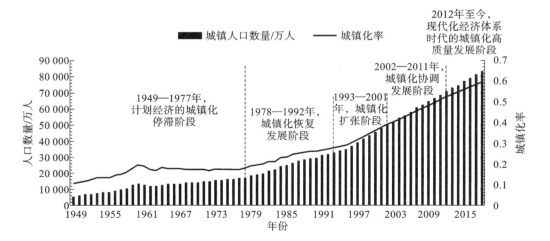

图 3-6 中国城镇化发展进程

虽然中国城镇化进程已过大半,但全国城镇化进程还没有完成,还将继续进行。虽然以往以新区、新城建设为主导的城镇空间大规模扩张的时期已经过去,但建成区的基础设施建设还有巨大的增长潜力。无论是区域范围的城际交通和枢纽建设,还是市域范围的城市轨道、主干路网、公交车场等交通设施的规划建设,甚至是市政基础设施、地下空间开发、海绵城市、公园城市、城市双修等方面,仍将有持续的建设投入,仍然需要城镇规划行业提供全方位的技术支持。进入存量发展时代,旧城区的存量更新和品质提升将成为巨大的规划市场需求。

在国土空间规划背景下,城市开发边界内控制性详细规划将继续作为规划管理和行政许可的直接依据;同时仍然要求将城市设计贯穿国土空间规划的各个阶段,其在塑造高品质国土空间方面将发挥重要作用。

3.3　城乡规划行业的历史演变内涵

3.3.1　计划经济时期

作为计划经济体制的一环,城市规划建设受到国家政策的直接影响。这一时期的城市规划是国民经济的继续和深化,是国民经济计划在空间上的落实。当时基于城市规划是国民经济计划具体落实的基本认识,设立规划院遵循的是"行政"与"技术"相互分离的思路,以尽量避免规划编制受到太多行政和政治因素的影响。规划院主要承担城市规划编制的技术工作,不负责各项规划方针政策、法规规章的制定,也不直接参与规划的行政管理和实施过程。因此形成了服务城市建设、工作方式在地化、管理运作具有相对独立性的特征。

3.3.2　市场经济初期

1987 年国家计划委员会颁布《城市规划设计收费标准(试行)》,标志着规划编制工作进入收费咨询阶段。规划院注册登记管理、资质管理、全面质量管理等措施相继出台,以及后来注册规划师制度的推行,都进一步强化了规划院的企业属性和规划师的职业属性。

1992 年《国务院批转建设部关于进一步加强城市规划工作请示的通知》(国发

〔1992〕3 号）提出，城市规划是一项战略性、综合性很强的工作，是国家指导城市合理发展和建设、管理城市的重要手段。这一时期城市规划在城乡统筹、协调发展，走社会主义特色城市化道路方面不断探索。

3.3.3　21 世纪初期

步入 21 世纪，随着中国城市化进入加速发展时期，城市建设过程中遇到的问题越来越多。城市规划成为城市建设和发展的蓝图，是建设和管理城市的基本依据，成为一项全局性、综合性、战略性的工作，涉及政治、经济、文化和社会生活等各个领域，规划业务范围呈现出向纵向和横向两个维度拓展的趋势。此阶段城市规划设计项目明显的变化趋势是非法定规划越来越多，非传统的规划类型和品种也越来越多，特别是空间发展战略、城市设计和各类新型的专项规划。大量规划设计任务的需求，特别是众多新型非法定规划项目的产生，造就了规划设计市场的持续繁荣，成为支撑城市规划行业发展壮大最重要的物质基础。

3.3.4　现阶段

在中国特色社会主义城镇化道路引领下，我国城乡规划发展愈发重视城乡关系、城乡统筹。为更好地适应新型城镇化建设要求，应对"城乡二元结构"带来的挑战，国土空间规划应运而生（表 3-1）。国土空间规划改革后，城乡规划逐渐成为政府调控城市空间资源、指导城乡发展与建设、维护社会公平、保障公共安全和公众利益、恢复和保护生态、实现国家永续发展的重要公共政策之一。

国土空间规划对规划的科学性、严肃性、权威性、可实施性提出了更高的要求。目前城乡规划行业发展的态势并不能完全适应国家空间治理能力现代化的要求，城乡规划行业在国土空间规划体系改革下面临过度市场化、规划技术手段需更新、工作模式需转变等持续挑战。

就行业发展角度而言，国内外城乡规划在规划范围、规划内容等方面存在差异。首先，规划重点范围不同。国外城乡规划主要是中心城市规划，重点在基础设施、社区建设、城市设计等方面。我国城乡规划的重点不仅包含中心城市，也包含其所辖县（市）。其次，规划重点内容不同。我国城乡规划除关注基础设施、景观环境等传统项，同步关注城市定位、发展目标等城市发展特色化内容，是国家意志的体现。

表 3-1　近二十年我国城乡规划政策演变列举

时　　间	文件/会议	政策主要内容
2005 年 9 月	《胡锦涛主持政治局集体学习　强调走中国特色的城镇化道路　要合理、集约利用土地、水等资源》	①要坚持保护环境和保护资源的基本国策； ②要发挥市场对推进城镇化的重要作用； ③要坚持走多样化的城镇化道路； ④要因地制宜地制定城镇化战略及相关政策措施； ⑤要通过深化改革，研究制定适合我国国情、符合社会主义市场经济规律的政策措施和体制机制
2005 年 10 月	《中共中央关于制定国民经济和社会发展第十一个五年规划的建议》	坚持大中小城市和小城镇协调发展，提高城镇综合承载能力，按照循序渐进、节约土地、集约发展、合理布局的原则，积极稳妥地推进城镇化
2007 年 10 月	《高举中国特色社会主义伟大旗帜　为夺取全面建设小康社会新胜利而奋斗——在中国共产党第十七次全国代表大会上的报告》	走中国特色城镇化道路，按照统筹城乡、布局合理、节约土地、功能完善、以大带小的原则，促进大中小城市和小城镇协调发展
2009 年 12 月	《中共中央　国务院关于加大统筹城乡发展力度　进一步夯实农业农村发展基础的若干意见》	把统筹城乡发展作为全面建设小康社会的根本要求，按照稳粮保供给、增收惠民生、改革促统筹、强基增后劲的基本思路，毫不松懈地抓好农业农村工作，继续为改革发展稳定大局作出新的贡献

时 间	文件/会议	政策主要内容
2010 年 3 月	《2010 年国务院政府工作报告》	统筹推进城镇化和新农村建设。坚持走中国特色城镇化道路,促进大中小城市和小城镇协调发展。壮大县域经济,大力加强县城和中心镇基础设施和环境建设,引导非农产业和农村人口有序向小城镇集聚
2012 年 12 月	中央经济工作会议	城镇化是扩大内需的最大潜力所在,城镇化和市民化齐头并进,会形成巨大的内部需求,从而形成新的经济动力
2013 年 11 月	《中国共产党第十八届中央委员会第三次全体会议公报》	城乡二元结构是制约城乡发展一体化的主要障碍。必须健全体制机制,形成以工促农、以城带乡、工农互惠、城乡一体的新型工农城乡关系。要加快构建新型农业经营体系,赋予农民更多财产权利
2019 年 5 月	《中共中央　国务院关于建立国土空间规划体系并监督实施的若干意见》	国土空间规划是对一定区域国土空间开发保护在空间和时间上作出的安排,包括总体规划、详细规划和相关专项规划

续表

时　间	文件/会议	政策主要内容
2020 年 3 月	《国务院关于授权和委托用地审批权的决定》	为贯彻落实党的十九届四中全会和中央经济工作会议精神,根据《中华人民共和国土地管理法》相关规定,在严格保护耕地、节约集约用地的前提下,进一步深化"放管服"改革,改革土地管理制度,赋予省级人民政府更大用地自主权
2020 年 9 月	《市级国土空间总体规划编制指南(试行)》	适用于指导和规范规划期到 2035 年的市级(包括副省级和地级城市)国土空间总体规划编制,侧重提出原则性、导向性要求,地方可根据实际进一步探索、补充、细化

　　受历史因素影响,我国近现代城乡规划起步较晚,但相对欧美城乡规划建设具有后发优势。新中国成立以来,我国城乡规划建设指导思想日趋完善,规划理念和规划体系构建得到有效发展,更加强调城乡规划的综合调控作用,明确各级政府权责,避免盲目扩大城市规模和建设规模。国土空间规划是我国在中国特色社会主义城镇化道路实践基础上,为更好实现城乡统筹、协调城乡资源而提出的城乡规划具体实践方法。我国国土空间规划体系构建是文明演替和时代变迁背景下的重大变革,要从生态文明时代要求的高度,从认识论、本体论、方法论三个方面深刻理解国土空间规划体系的构建。未来的规划需更加明确国土空间规划强制性内容,整合资源,保护生态,实现空间资源与社会效益协调发展;逐步细化近期建设项目,形成项目建设时序清单;严格落实规划调整的法定程序,加强对违反城乡规划法规的行政责任追究;建立完善的城乡规划监督机制,强化公众参与,多渠道保障规划有序落实。

复习思考题

①请查阅资料，比较中国城乡规划行业和外国城乡规划行业发展的差异。

②请简述我国现阶段城乡规划行业的主要特征。

③城乡规划行业在未来将面临哪些挑战？具有哪些优势？

第4章　城乡规划管理体系建构

4.1　行政法基本知识

4.1.1　行政法的概念和内涵

　　城乡规划管理是行政管理的一部分,因此若要理解中国城乡规划管理体系,需先厘清中国行政管理体系,尤其是行政法体系。城乡规划管理是有关行政主体在法律法规约束下进行的城乡规划管理行为。

　　行政法是关于行政权力的授予、行使,以及对行政权力进行监督和对其后果予以补救的法律规范的总称。行政法在我国是一类法律规范和原则的总称,包含了一系列法律法规,没有单一指向性,且没有统一完整的实体行政法典。但在局部领域,行政法可形成统一法典,如《中华人民共和国行政处罚法》等。行政法的实质是控制和规范行政权。其外部表现形式多样,即行政法的渊源广泛,包括宪法、法律、行政法规、地方性法规、民族自治条例和单行条例、行政规章、法律解释和国际条约等。例如,《××市城市规划条例》属于地方性法规范畴。

　　我国的行政法涉及的内容和领域极为广泛,延伸到社会生活的方方面面;具有明显易变性,经常会随着国家行政管理方式的改变而改变;实体性规范与行政性规范交织且共存于一个法律文件之中。根据不同标准,可将行政法分为不同种类,常见的有以下几种:

　　①以行政法调整对象的范围为标准,分为一般行政法和特别行政法;

　　②根据行政法的性质和作用,分为实体行政法和程序行政法;

　　③以国家行政管理部门或领域为标准,分为经济行政法、公安行政法、军事行政法等。

　　行政法的调整对象是行政关系。行政关系指行政权力在获得、行使与受监督过程中与相关各方所产生的各种关系。主要包括以下三类：

①行政权力在获得过程中与权力机关所产生的关系；

②行政权力在行使过程中与行政管理的相对人（如公民、法人组织或其他组织）之间所产生的各种关系；

③行政机关对其内部进行管理所产生的各种关系，如行政机关上下级之间的各种关系（图 4-1）。

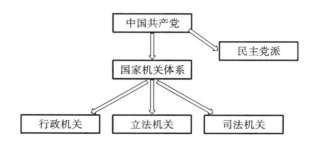

图 4-1 我国行政机关在国家管理体系中的位置

4.1.2 行政法的基本原则

行政法的基本原则是指反映行政法本质和具体制度规则内在联系的共同性规则。其作用是指导行政法的制定、修改和废止，指导行政法的统一适用和解释，弥补法治漏洞。其来源主要有两个：一是国家立法性和政策性文件的规定；二是行政法学理论的阐述。

行政法的基本原则有行政合法性原则、行政合理性原则、行政应急性原则、程序正当原则、高效便民原则、诚实守信原则、权责统一原则。

1. 行政合法性原则

行政合法性原则是行政法的首要原则，其他原则是这一原则的延伸，这也是行政活动区别于民事活动的主要标志。合法性指行政权的存在和行使必须依据法律、符合法律，不得与法律相抵触；从宪法到法律、地方性法规、行政规章和单行条例，一切国家行政机关都必须遵守，并依法行使职权。

这里的合法不仅指合乎实体法，也指合乎程序法。行政主体（履行国家行政管理职能的国家行政机关和法律、法规、规章授权的组织）须在其法定的权限内行使职权，且具有积极履行行政义务的职责，如不积极履行法定义务，将构成不作为违法。

行政机关进行行政授权、行政委托必须有法律依据,符合法律要旨。行政机关不得采取没有立法性规定的授权,不得采取影响公民、法人和其他组织权利义务的行政措施,如果在此方面不作为,将构成行政违法。

随着我国社会主义法治体系的不断健全,法律在规范行政活动方面的作用正逐步加强。

2. 行政合理性原则

行政合理性原则指行政主体不仅应当按照行政法律规范所规定的条件、种类和幅度范围作出行政行为,而且要求行政行为的内容要符合立法精神和目的,符合公平正义等法律理性。行政合理性原则产生的主要原因是自由裁量权的存在。

通常一个行为如果触犯了行政合法性原则,就不再追究其是否存在合理性问题;而一个自由裁量行为,即使没有违反行政合法性原则,也可能引起合理性问题。而且随着国家立法进程的推进,原先属于合理性的问题可能上升为合法性问题。城乡规划管理中经常会存在一些自由裁量行为,如 2020 年浙江乐清市发布的《关于城乡规划建设类违法行为行政处罚自由裁量权细化的通知》,是对这些行为进行细化并公示的文件。

3. 行政应急性原则

行政应急性原则指在某些特殊的紧急情况下,出于国家安全、社会秩序或公共利益的需要,经法律授权的特定的一级政府批准,行政机关可以采取没有法律依据或与法律依据相抵触的措施,事后必须报法定国家机关予以确认。

4. 程序正当原则

程序正当原则包括以下三个具体原则。

①行政公开原则。要保证公民的知情权,除涉及国家机密和依法受到保护的商业秘密及个人因素外,行政机关实施行政管理应当公开。

②公众参与原则。行政机关作出重要规定或决定,要听取公民、法人和其他组织的意见、陈述和申辩。

③回避原则。行政机关工作人员履行职责,与行政管理相对人存在利害关系时,应当回避。

如在各地自然资源和规划局网站上,已经编制完成的相关规划内容都会进行公示并听取公众和相关组织的意见。

5. 高效便民原则

高效便民原则指行政机关须积极履行职责,禁止不作为或不完全作为,遵守法定时限,禁止不合理延迟,在行政活动中不增加当事人的程序负担。该原则有利于提高行政管理相对人的办事效率,体现了我国以人为本的特点。

6. 诚实守信原则

诚实守信原则指行政机关公布的信息应当全面、准确、真实,并对其真实性承担法律责任。非因法定事由并经法定程序,行政机关不得撤销、变更已经生效的行政决定;因国家利益、公共利益或者其他法定事由需要撤回或者变更行政决定的,应当依照法定权限和程序进行,并对行政管理和相对人因此受到的财产损失依法予以补偿。

7. 权责统一原则

行政机关依法履行经济、社会和文化事务管理工作,要由法律、法规赋予其相应的执法手段,保证政令有效。行政机关违法或者不当行使职权,应当依法承担法律责任,即执法有保障、有权必有责、用权受监督、违法受追究、侵权须赔偿。权责统一体现了完善国家治理体系的重要方面。

4.1.3 行政法律关系和行政法律关系主体

1. 行政法律关系的含义及构成要素

国家行政机关依据行政法律规范在进行行政管理活动中与行政相对人所发生的各种社会关系,就是行政法律关系。行政法律关系由主体、客体和内容三个方面要素构成。

行政法律关系的主体是行政法律关系中权利的享有者和义务的承担者。

行政法律关系的客体是主体双方的权利、义务指向的对象,包括物质、行为和精神财富,如货币、生产资料和消费资料,行政主体或行政相对人的行为,承担智力活动所取得的成果等。

行政法律关系的内容是指行政法律关系双方主体依法享有的权利和承担的义务。

2. 行政主体和行政相对人

在行政法律关系中,行政主体占有非常重要的位置。行政主体是享有国家行政权力,能以自己的名义从事行政管理活动,并独立承担由此产生的法律责任的组织。行政主体一定是组织(两人以上的组合体)而不是个人,个人不能成为行政主体。如我国各地方自然资源和规划局都是行政主体,对外行文须以行政主体的名义。根据不同的标准,行政主体可分为中央与地方行政主体、职权和授权行政主体、外部和内部行政主体等。

行政相对人指行政法律关系中与行政主体相对应的另一方当事人,即行政主体行政行为影响其权益的个人、组织。行政相对人是行政主体行政管理的对象;行政相对人是行政管理的参与人;行政相对人在行政救济法律关系和行政法制监督关系中可以转化为救济对象和监督主体。

4.1.4　中国的行政机关

行政机关指一个国家的统治阶级根据其统治意志,依照宪法和有关法律规定,行使国家权力、组织管理国家行政机关事务的机关。我国的行政机关由国家权力机关产生,是国家权力机关的执行机关,也是行政事务的管理机关。

1. 行政机关的类型

我国行政机关按不同标准可分为以下四类(图 4-2):

①中央行政机关和地方行政机关,如中华人民共和国自然资源部属于中央行政机关,各地方自然资源和规划局属于地方行政机关;

②一般权限行政机关与部门权限行政机关,如地方人民政府属于前者,各地方自然资源和规划局属于后者;

③外部管理行政机关和内部管理行政机关,如行政机关内的办公室等属于后者;

④派出机关与派出机构,如各级派出所。

2. 行政机关的结构

从古至今,我国行政管理吸收了传统的分级管理,行政机关和公务人员也具有不同的层级,从国家到地方具有严格的等级制度,如图 4-3 所示。

4.1.5　行政行为

1. 行政行为的概念

行政行为指国家行政机关和法律、法规授权组织依法行使国家行政权力,实施国家行政管理任务而产生的具有法律效力的行为。

2. 行政行为的分类

根据不同的标准,行政行为有以下几种:

图 4-2 我国不同类型的行政机关

①抽象行政行为与具体行政行为；

②羁束行政行为与自由裁量行政行为；

③依职权的行政行为与依申请的行政行为；

④单方行政行为与双方行政行为；

⑤要式行政行为与非要式行政行为。

3. 行政行为的合法要件

行政行为的合法有效指已生效的行政行为因符合法定要件而具备或被视为具

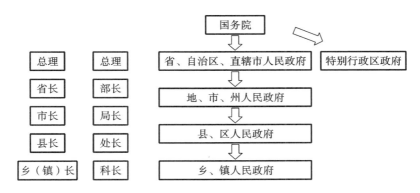

图 4-3 我国行政机关的结构

备实质效力的状态。行政行为必须具备以下要件：

①行政行为的主体合法，即行政机关合法、人员合法、委托合法；

②行政行为的权限合法，即行政事项管辖权的限制、行政地域管辖权的限制、时间管辖权的限制、手段上的限制、程度上的限制、条件上的限制、委托权限的限制；

③行政行为内容合法、适当；

④行政行为符合法定程序。

4.1.6 行政责任

1. 行政责任的概念

行政责任指行政法律关系主体由于违反行政法律规范或不履行行政法律义务而依法应承担的行政法律后果。

2. 行政责任的特征

行政责任具有以下特征：

①行政责任的主体是行政法律关系的主体；

②行政责任是基于行政法律关系而发生的；

③行政责任是一种法律责任。

4.1.7 行政许可

1. 行政许可的概念、特征及分类

《中华人民共和国行政许可法》于 2004 年 7 月 1 日开始施行，其对推进我国行政管理体制改革具有重大意义。行政许可指行政机关根据公民、法人或者其他组织的申请,经依法审查,通过颁发许可证、执照等形式,赋予其从事特定活动的法律资格或法律权利的具体行政行为。

行政许可具有以下特征:

①行政许可是一种依法申请的具体行政行为;

②行政许可的内容是国家一般禁止的活动;

③行政许可是行政主体赋予行政相对人某种法律资格或法律权利的具体行政行为,是一种外部行政行为;

④行政许可是一种要式行政行为。

根据不同标准,行政许可可分为行为许可和资格许可、独立的许可和附文件的许可、权利性许可和附义务的许可、排他性许可和非排他性许可、一般许可和特殊许可、长期许可和短期许可等。

2. 行政许可的程序

为了防止行政机关滥用行政许可权利,《中华人民共和国行政许可法》规定了行政许可的程序,包括以下三个环节。

首先是申请与受理,这是实施行政许可的启动程序。包括行政许可事项申请、行政许可内容的公示、对申请人提出的申请作出处理。

其次是审查与决定。行政机关对已经受理的申请人提交的行政许可申请材料进行审查,然后根据审查结果作出是否给予行政许可的决定。

最后是核发证件。向获得行政许可的公民、法人或相关组织颁发一种证件以证明其从事行政许可事项活动的合法性,如采矿许可证、教师资格证或行政机关的批准文件及证明文件。

要注意,行政许可一般具有地域效力,被许可人获得的行政许可在哪些地域范围内有效是法律必须明确的问题。行政机关在办理行政许可事项时一般还需要明确期限,这是提高行政效率、保护公民权益的需要。

3. 行政许可听证

行政许可直接涉及申请人与他人之间重大利益关系的,行政机关在作出行政许可决定前,应当告知申请人、利害关系人,他们享有听证的权利;申请人、利害关系人在被告知听证权利之日起 5 日内提出听证申请,行政机关应当在 20 日内组织听证,行政许可规定办理不超过 45 日,颁发、送达行政许可期限为作出行政许可决定后的 10 日内。

4.1.8　行政处罚

1. 行政处罚的概念与特征

行政处罚是指行政机关或其他行政主体依照法定权限和程序对违反行政法规但尚未构成犯罪的相对人给予行政制裁的具体行政行为。

行政处罚的特征如下：

①作出行政处罚的主体必须是行政机关或法律、法规授权的其他行政主体；

②行政处罚的对象是作为相对人的公民、法人或其他组织；

③行政处罚的前提是相对人实施了违反行政法律规范的行为，而不是犯罪行为，犯罪行为受刑法制裁；

④行政处罚的性质是一种以惩戒违法为目的、具有制裁性的具体行政行为，其有别于行政许可、行政给付等授益性行政行为。

2. 行政处罚的原则

行政处罚的原则是指导行政处罚的设定和实施的基本行为准则，具体包括以下原则。

1）处罚法定原则

处罚法定原则指实施行政处罚的主体必须是法定的行政主体，行政处罚的依据和种类是法定的，行政处罚的程序是合法的。

2）处罚与教育相结合的原则

行政主体实施行政处罚时，不能只处罚不教育，处罚是手段而不是目的，应坚持处罚与教育并行。

3）公正、公开原则

公正、公开原则指实施行政处罚应当过罚相当，并以事实为依据；行政处罚的设定和实施必须公开。

4）保障当事人权利原则

保障当事人权利原则指被处罚的行政相对人对对其权益产生不利影响的行政处罚享有陈述权、申辩权、申请行政复议权、提起行政诉讼权和获得行政赔偿权等。

4.1.9　行政监督与行政法制监督

1. 行政监督的概念

行政监督又称行政监督检查,指行政主体依照法定职权,对相对人遵守法律、法规、规章,执行行政命令、决定的情况进行检查、了解、监督的行政行为。

2. 行政法制监督的概念

行政法制监督指国家权力机关、国家司法机关、上级行政机关、专门行政监督机关及国家机关体系以外的公民、组织依法对行政主体及其工作人员是否依法行使行政职权和是否遵纪守法所进行的监督。

4.1.10　行政救济与行政复议

1. 行政救济

行政救济指当事人的权益因国家行政机关及其工作人员的违法或不当行政而直接受到损害时,请求国家采取措施,使自己受到损害的权益得到维护的制度的总和。行政救济是国家机关被动的补救措施,可通过司法途径获得。

2. 行政复议

行政复议指公民、法人或其他组织以行政机关的具体行政行为侵害其合法权益为理由,依法向有复议权的行政机关申请复议,行政复议机关依照法定程序对被申请的具体行政行为进行合法性、适当性审查,并作出行政复议决定的一种法律制度。《中华人民共和国行政复议法》规定了可申请行政复议的行政行为和不可申请行政复议的事项。

行政复议的程序如图 4-4 所示。

4.1.11　行政诉讼

行政诉讼指公民、法人或其他组织认为行政机关的具体行政行为侵犯其合法权益时,依法向人民法院提起诉讼,由人民法院进行审理并作出裁判的司法活动。我国行政诉讼的特征如下:

①行政案件由人民法院受理和审理;

②人民法院审理的行政案件通常只限于就行政机关的行政行为的合法性发生

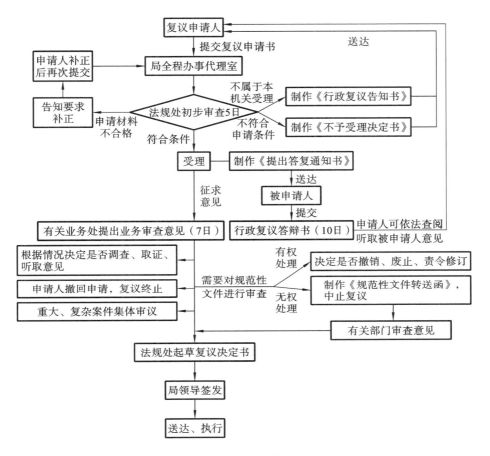

图 4-4　行政复议的程序

的争议,就行政立法行为和行政行为的合理性发生的争议不能通过行政诉讼的方式解决,而行政复议不是行政诉讼的前置阶段或必经程序;

③原则上行政案件采取开庭审理方式。

行政诉讼的程序如图 4-5 所示。

4.1.12　行政赔偿

行政赔偿指国家行政机关及其工作人员违法行使职权,侵犯公民、法人或其他组织的合法权益并造成损害,由国家承担赔偿责任的制度。

4.1.13　行政补偿

行政补偿指行政主体合法行政行为造成相对人损失而对相对人实行救济的一

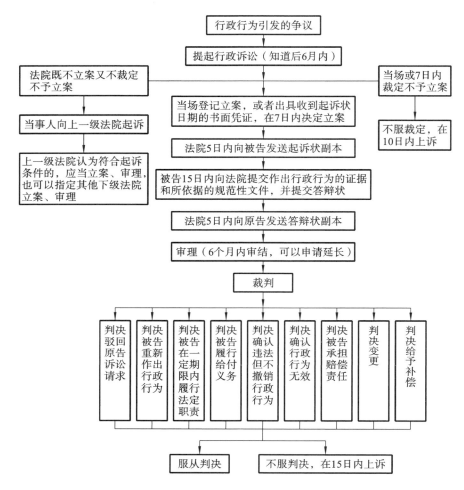

图 4-5　行政诉讼的程序

(图片来源:根据平阳县人民法院官方网站图片改绘)

种制度。从严格意义上讲,行政补偿不属于行政责任,因为行政责任是违法、不当的行政行为引起的法律后果,而行政补偿却是以合法行政行为为前提的。

4.2　城乡规划管理体系

4.2.1　城乡规划管理的概念

城乡规划管理是城乡规划编制、审批和实施等管理工作的统称(图 4-6)。在城乡规划作为公共政策提出之前,广义的城乡规划管理被认为是贯穿城乡建设全过程的管理活动,而狭义的城乡规划管理,也就是通常所说的规划管理工作,主要包括三部分内容,即空间规划组织编制与审批管理、规划实施管理(又称规划建设管理)和规划实施监督管理(又称规划实施监督和检查管理)。2007 年通过的《中华人民共和国城乡规划法》强调城乡规划的公共政策属性,并对作为公共政策的城乡规划制定过程进行了规定,城乡规划管理体系开始了顺应城乡规划向公共政策转型的趋势。

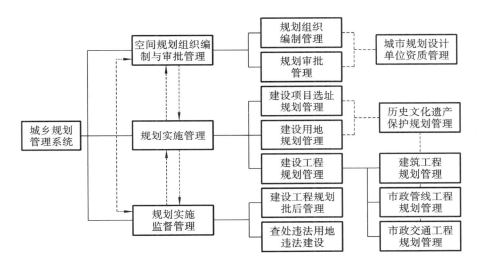

图 4-6 城乡规划管理体系

4.2.2 城乡规划管理的基本特征

城乡规划管理涉及面广、管理程序复杂,总体来讲,具有以下基本特征:

①就管理的职能而言,具有服务和制约的双重属性;

②就管理的对象而言,具有宏观管理和微观管理的双重属性;

③就管理的内容而言,具有专业和综合的双重属性;

④就管理的过程而言,具有管理阶段性和发展长期性的双重属性;

⑤就管理的方法而言,具有规律性和主观能动性的双重属性。

4.2.3 城乡规划管理的主要任务

城乡规划管理在我国行政管理工作中具有非常重要的地位,具体体现在:从依法治国层面讲,对保障国土空间规划建设法律、法规的施行和政令的畅通具有重要意义；从国土空间可持续发展看，可保障国土空间综合功能的发挥，促进经济、社会和环境协调发展；从城市尺度看，对保障城市各项建设纳入城市规划的轨道、促进各个规划项目的实施落地具有重要意义；从以人为本促进人的全面发展看，对保障公共利益、维护相关方面的合法权益具有不可替代的作用。

4.2.4 城乡规划管理的基本工作内容

基于城乡规划作为公共政策的基本属性，城乡规划管理工作应该包括决策性内容、技术性内容、程序性内容和反馈性内容等四部分内容。

1. 决策性内容

决策性内容可以称为城乡发展战略管理，这个环节关注城乡发展中遇到的各种公共问题，并参与城乡发展的重大决策，从而成为统筹政府各相关部门的空间决策平台。政策问题的确定、政策调整和政策终结三个环节都取决于决策性内容。在实践中，具体表现为针对各种城乡发展问题的规划研究以及部分非法定规划的制定。

2. 技术性内容

技术性内容是决策性内容的深化与完善，涵盖城乡规划编制与审批管理内容，如各级国土空间规划的组织编制和审批管理。

3. 程序性内容

程序性内容也可以称为规划实施管理，涵盖城乡规划实施管理的全部与实施监督管理的部分内容，主要工作是根据法定规划的内容行使行政许可权力，如规划部门颁布的"两证一书"、国土空间规划实施管理和监督检查管理。

4. 反馈性内容

反馈性内容主要指规划评估管理以及部分规划实施监督管理的内容，相当于决策过程中的政策评估环节。其中，规划实施监督要上升到政策监控的高度，以实现对规划实施的有效反馈。因此，这个环节不仅要查处违法建设，还要形成反馈机制，为规划决策、规划编制和实施管理服务。

4.2.5 城乡规划管理的基本原则

1. 依法行政的原则

依法行政是完善社会主义制度、保障人民参与管理权利的需要。依法行政是改善和加强党对政府工作领导的需要。依法行政是履行城乡规划管理职能的需要。

2. 系统管理的原则

系统管理强调国土空间规划管理的整体效应,加强国土空间规划管理系统内部的协调性,注重国土空间系统对外界环境的适应性,最终建立国土空间规划管理系统的信息反馈网络。

3. 集中统一管理的原则

所谓集中统一管理,指实行城市的统一规划和统一规划管理。

4. 政务公开的原则

政务公开包括办事依据公开、办事程序公开、办事机构和人员公开、办事结果公开、办事纪律和投诉渠道公开("五公开")。

4.2.6 城乡规划管理的基本特征

城乡规划管理除具有综合性、整体性、系统性、时序性、地方性、艺术性、政策性等诸多特征外,还具有以下基本特性。

1. 引导与控制特性

城乡规划的最终目的是促进经济、社会和环境的协调发展。城乡规划管理是政府的一项职能,其管理目标是创造良好的投资环境、生活和生产环境,为城乡的现代化服务,因而城乡规划管理就其根本目标而言是服务与引导,同时在管理过程中实施有效的监控,协调个人利益、集体利益与公共利益的关系,实现公共利益的最大化,保障城乡健康有序、可持续发展。

2. 阶段性和连续性特性

城乡的布局结构和形态是长期的历史发展所形成的,通过城乡的建设和改造来改变城乡的布局和形态并非一朝一夕之事,而是需要一段相当长的时间。它的发展速度要和经济、社会发展的速度相适应,与城乡能够提供的财力、物力、人力相适应。因此,城乡规划管理具有一定的阶段性。同时,经济和社会的发展是不断变化的,城乡规划管理者在一定历史条件下审批的城乡规划项目、建设用地和建设工程,随着时间的推移和数量的积累,将对城乡的未来发展产生深远影响。

3. 专业性和综合性特性

城乡管理包括交通管理、环境保护管理、消防管理、文物古迹保护管理、土地管理、规划管理等。城乡规划管理是其中的一个方面,是一项专业性的管理,有其特定的职能和管理内容。但它又和上述的管理内容相互联系并交织在一起,具有较大的综合性。一项地区详细规划涉及多方面的内容,如环境保护、环境卫生、绿化、国防、气象、消防、排水、文物保护、农田水利等。这就需要规划管理部门将其作为一个综合工程来进行分析,实现综合平衡,协调有关问题。

4.2.7 城乡规划管理的地位和作用

城乡规划是城乡建设和发展的龙头,城乡规划管理同样也是城乡建设、管理的龙头。"三分规划,七分管理"的俗话,说明了城乡规划管理在城乡规划建设中的地位与作用。从城乡规划管理的概念上理解,城乡规划管理贯穿城乡规划的编制和规划实施的全过程,它是城乡规划编制与实施的主要保证。

1. 城乡规划管理是城乡规划的具体化

城乡规划是城乡未来发展的蓝图,规划管理是把蓝图变成现实的手段。城乡规划管理在实施城乡规划中具有重大作用。从宏观层面来说,城乡规划的实施是一项在空间和时间上浩大的系统工程,必须贯彻党和国家的路线、方针、政策,如环境保护方针,合理用地与节约用地原则,适用与经济原则,经济、社会和环境效益相统一原则等。这些方针和原则是编制城乡规划、实施城乡规划所必须遵守的,只有这样才能保证城乡规划适应社会发展的需要,提高城镇化程度,保证城乡环境质量,发挥城乡综合功能,实现城乡现代化。从微观层面来说,城乡规划管理是正确指导城乡土地使用和各项建设、建设用地的选址、市政管线工程的选择等,它必须符合城乡规划布局的要求,无论是地区开发建设还是单项工程建设,都必须符合详细规划确定的用地性质和用地指标、建筑密度等各项技术指标要求,使各项建设按照城乡规划正确实施。城乡规划实施同时受到各种因素的制约,规划管理需要协调各部门、各方面的关系和处理各种各样的问题,必要时还要对规划进行允许范围内的调整、补充、修改和优化。因此,城乡规划管理是规划的完善、深化和具体化的过程。从这个意义上说,城乡规划与规划管理是相辅相成的,管理也是规划,是能动的规划。城乡规划与规划管理同样重要。

2. 城乡规划管理是政府的一项职能

政府代表了公众的意志,具有维护公共利益、保障法人和公民的合法权益、促进建设发展的职能。政府的主要职责是把城乡规划好、建设好、管理好。政府要把主要精力转到这方面来,要大力加强城乡规划的实施管理。经过批准的城乡规划具有法律效力,要严格实施。城乡规划涉及各方面的问题和要求,这就需要在规划管理中依法妥善处理相关问题,综合消防、环境保护、卫生防疫、交通管理等有关管理部门的要求,维护社会的公共安全、公共卫生、公共交通,改善城市景观,做到个人利益、集体利益和公共利益相协调。这也需要通过城乡规划管理对各项建设给予必要的制约和监督。因此,城乡规划与规划管理都应当摆在政府工作的重要位置上,这也是建立服务型政府的客观要求。

3. 城乡规划管理在新的历史阶段面临更加繁重的任务

在向市场经济体制转型过程中,城乡规划管理面临着许多新情况、新问题、新要求,任务更加繁重。一方面,随着城镇化程度的提高、城乡现代化水平的提高、住宅等各类建筑的建设增多、城乡车辆的增加、市政公用设施能力的提高,城乡基本建设规模空前,城乡规划管理工作任务也空前繁重;另一方面,城乡产业结构发生变化,城乡建设投资主体多元化,第三产业迅速发展,等等,这些导致城乡规划管理工作的内容更加广泛,要求城乡规划及其管理工作以新的观念,根据不同对象实施管理,为创造良好的投资环境和城乡环境提供服务。对于这样的新情况、新问题,城乡规划管理工作必须改变管理观念和工作方式,建立、健全新的工作机制。

总之,城乡规划管理是保证城乡规划按照合理的程序进行编制和实施,使城乡建设按照城乡规划进行,实现以法治城、以法治市,及时检查发现并及时制止或处理一切违法用地、违法建设,保证城乡建设有序进行。

4.2.8　城乡规划管理的基本原理

城乡规划是一门科学,规划管理与其相伴而生,同样也是一门科学。作为一门科学,应遵循以下几个方面的原理。

1. 综合原理

城乡规划规定了城乡的性质、规模和发展方向,通过调节城乡的空间要素和资源要素,合理利用城乡土地,达到城乡经济、社会和环境效益的协调发展。城乡规划的综合性特点赋予城乡规划管理综合性职能。城乡规划蓝图是综合考虑城乡各项事业的发展和各种要求,综合考虑城市与乡村、生产与生活、局部和整体、需要和可能、近期与远期的发展的结果。城乡规划主管部门在实施规划管理过程中要考虑每一个项目对周围环境、各种设施有无妨碍和影响，对历史文化遗址保护的效果，对城乡景观展示的效果，并且反复琢磨、统筹安排。同时，城乡规划主管部门在规划管理过程中，还要综合运用法制的、社会的、经济的、行政的等管理方法来保证城乡规划的实施。

2. 系统原理

城乡是一个开放型、多层次、网络型的动态大系统，它是由功能各异的分系统有机结合而成的。这些分系统包括交通、公共服务与公共设施、园林绿化等分系统。每一个分系统又包括若干子系统，如交通分系统就有轨道交通、航空等子系统。城乡总体规划是对城乡这个大系统的综合部署，各个专项（业）规划则是对分系统的综合安排。同样城乡规划管理也需要用系统原理来保证城乡规划中各系统规划的实施，保证城乡各个系统功能的正常运转和发挥。在这个城乡规划管理体系中，除了国家、省（自治区、直辖市）形成一个系统，市、区（县）、街道三级管理网络还形成了一个多层次的城乡规划管理系统。

3. 连续动态原理

城乡规划是一项长期、动态的工作，由此决定了城乡规划管理的长期性、动态性。就整个规划的实施和城乡发展来说，其是一个连续不断变化的过程；就一个建设项目而言，从立项、选址、定点、审查、发证、验线到竣工验收等，同样也是一个长期、动态的过程。城乡规划管理是一个环环相扣的连续动态过程，城乡规划管理贯穿城乡建设的全过程，一个环节发生问题，就会影响下面环节的正常运转，"牵一发而动全身"。因此，强调城乡规划管理必须按照规章制度办事，就是从规划管理工作的长期性、动态性的客观必然要求来讲的。

4. 超前原理

城乡规划是在城乡的过去和现状的基础上，对今后一段时期城乡发展的设想，具有明显的超前性、预见性。由此也决定了城乡规划管理的超前性，也就是说，城乡规划主管部门为人民和有关单位提供的是"超前服务"。具体来说，就是城乡规划主管部门及时了解、把握建设单位的信息，做好"规划储备"；同时把城乡规划的设想、编制的城乡规划蓝图尽早告诉有关单位，供他们在建设项目决策中参考。另外，"超前服务"一定要事先保护好历史文化遗迹保护用地和风景名胜区、传统街区和园林绿化用地,不能让开发商蚕食和侵占这些用地,不能让短期行为破坏城乡的未来发展。

5. 反馈原理

城乡规划通过规划管理把今后一段时期的城乡设想变成现实。在把设想变成现实的过程中,规划管理要处理各种各样的问题,通过规划实施过程反馈来的信息,对城乡规划进行允许范围内的调整、补充、修改。规划管理的过程,就是城乡规划完善、深化的过程。通过规划管理的反馈,城乡规划的设想与实践更加密切结合,城乡规划更加完美、完善,更能有效地指导城乡建设。

4.2.9　城乡规划管理的决策

1. 城乡规划管理决策的概念、意义及特征

城乡规划管理决策指规划制定和实施过程中对相关问题的决策。决策过程是对城乡发展全局、城乡发展未来的谋划,是协调公众利益的过程。决策过程具有层次性、综合性、连续性、政策性、技术性等特征。

2. 城乡规划管理决策的优化

城乡规划管理决策需要科学化、民主化和法制化作保障。科学化体现在管理思想科学、管理标准科学、管理方式科学。民主化体现在公众参与、分层次决策。法制化体现在决策必须符合法律确定的原则和具体规定,政府规划决策必须建立有效的监督制约机制。

4.3　规划管理制度

4.3.1　国土空间规划体系

国土空间规划是国家空间发展的指南、可持续发展的空间蓝图,是各类开发保护建设活动的基本依据。建立国土空间规划体系(图 4-7)并监督实施,将主体功能区规划、土地利用规划、城乡规划等空间规划融合为统一的国土空间规划,实现"多规合一",强化国土空间规划对各专项规划的指导约束作用,是党中央、国务院作出的重大部署。国土空间规划体系包含"多规合一"的规划编制审批体系、实施监督体系、法规政策体系和技术标准体系；市县以上各级国土空间总体规划编制，初步形成了全国国土空间开发保护"一张图"。到2025年，健全国土空间规划法规政策和技术标准体系；全面实施国土空间监测预警和绩效考核机制；形成以国土空间规划为基础，以统一用途管制为手段的国土空间开发保护制度。到2035年，全面提升国土空间治理体系和治理能力现代化水平，基本形成生产空间集约高效、生活空间宜居适度、生态空间山清水秀，安全和谐、富有竞争力和可持续发展的国土空间格局。

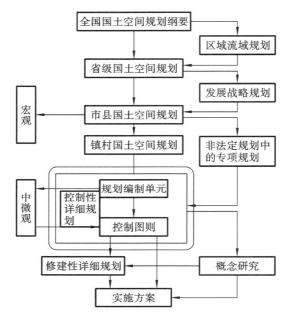

图 4-7　国土空间规划体系

4.3.2　规划管理主体

1. 国务院城乡规划主管部门（自然资源部）

国务院城乡规划主管部门（自然资源部）主要负责全国城镇体系规划的组织编制和报批；部门规章的制定，规划编制单位资质等级的审查和许可。全国国土空间规划纲要由自然资源部会同相关部门组织编制，征求国家相关部门、省级人民政府意见和社会意见修改完善后，报国务院和党中央审批，党中央、国务院审定后印发实施。

2. 省、自治区自然资源主管部门

省、自治区自然资源主管部门负责省域城镇体系规划和本省的国土空间规划、总体规划编制，行政区域内编制单位资质等级的审查和许可。

3. 市、县人民政府自然资源主管部门

市、县人民政府自然资源主管部门主要负责市、县、乡镇国土空间规划以及村庄规划的编制和报批等有关工作；市、县、乡镇控制性详细规划的组织编制和报批，重要地块修建性详细规划的组织编制；建设项目选址建议书，建设用地规划许可证、建设工程规划许可证、乡村建设规划许可证的核发。

4.3.3　规划编制和审批主体

1. 全国城镇体系规划

全国城镇体系规划由国务院城乡规划主管部门会同国务院有关部门组织编制，并由国务院城乡规划主管部门报国务院审批。

2. 省域城镇体系规划

省域城镇体系规划由省、自治区人民政府组织编制，经本级人民代表大会常务委员会审议后附审议意见及修改情况一并报送国务院审批。

3. 直辖市城市总体规划

直辖市城市总体规划由直辖市人民政府组织编制，经本级人民大会常务委员会审议后附审议意见及修改情况一并报送国务院审批。

4. 城市总体规划

省、自治区人民政府所在地的城市以及国务院确定的城市的总体规划，由城市人民政府组织编制，经本级人民代表大会常务委员会审议后附审议意见及修改情况，并由省、自治区人民政府审查同意后，报送国务院审批。

其他城市的总体规划，由城市人民政府组织编制，经本级人民代表大会常务委员会审议后附审议意见及修改情况一并报送省、自治区人民政府审批。

5. 镇总体规划

县人民政府所在地镇的总体规划，由县人民政府组织编制，经本级人民代表大会常务委员会审议后附审议意见及修改情况一并报送上一级人民政府审批。

6. 乡规划、村庄规划

乡规划、村庄规划由乡、镇人民政府组织编制，报上一级人民政府审批。

村庄规划应经村民会议或者村民代表会议同意后报上一级人民政府审批。

7. 城市控制性详细规划

城市控制性详细规划由城市人民政府城乡规划主管部门组织编制。经本级人

民政府批准后,报本级人民代表大会常务委员会和上一级人民政府备案。

8. 镇的控制性详细规划

县人民政府所在地镇的控制性详细规划,由县人民政府城乡规划主管部门组织编制,经县人民政府批准后,报本级人民代表大会常务委员会和上一级人民政府备案。其他镇的控制性详细规划,由镇人民政府组织编制,报上一级人民政府审批。

4.3.4　规划实施管理制度

城乡规划许可制度由"建设项目选址意见书""建设用地规划许可证"和"建设工程规划许可证"以及"乡村建设规划许可证"四项制度构成。城市、镇称"一书两证",乡村称"一证"。规划实施许可制度的设立,体现了城乡规划同时规范政府行为和管理相对人的双重功能及职责,确立了城乡规划对城乡建设活动实施综合调控和具体管理的工作机制及程序,为城乡规划的实施管理提供了有效的制度保障。

4.3.5　规划的修改制度

修改省域城镇体系规划、城市总体规划、镇总体规划前,组织编制机关应当对原规划的实施情况进行总结,并向原审批机关报告;修改涉及城市总体规划、镇总体规划强制性内容前,应当向原审批机关提出专题报告,经同意后,方可编制修改方案。

修改后的省域城镇体系规划、城市总体规划、镇总体规划,应当按法定的审批程序进行报批。修改控制性详细规划前,组织编制机关应当对修改的必要性进行论证,征求规划地段内利害关系人的意见,并向原审批机关提出专题报告,经原审批机关同意后,方可编制修改方案。修改后的控制性详细规划,应当依照法定审批程序报批。控制性详细规划修改涉及城市总体规划、镇总体规划的强制性内容的,应当先修改总体规划。修改乡规划、村庄规划的,也应当依照法定审批程序报批。

4.3.6　监督检查制度

《中华人民共和国城乡规划法》中有关监督检查制度的内容共七条,包括:县级以上人民政府及其城乡规划主管部门对城乡规划编制、审批、实施、修改的监督检查;地方各级人民代表大会常务委员会或者乡、镇人民代表大会对城乡规划的实施情况的监督;城乡规划主管部门对城乡规划的实施情况进行监督检查时有权采取的措施及监督检查情况和结果的处理;上级人民政府城乡规划主管部门对有关城乡规划主管部门的行政处罚的监督;等等。

4.3.7　规划公开和公众参与制度

城乡规划报送审批前,应当依法将城乡规划草案予以公告,并采取论证会、听证会或者其他方式征求专家和公众的意见。公告的时间不得少于三十日。在上报审批的材料中应当附公众意见采纳情况。修改控制性详细规划和经依法审定的修建性详细规划前,应当征求规划地段内利害关系人的意见。村庄规划在报送审批前,应当经村民会议或者村民代表会议讨论同意。

复习思考题

①请思考行政和管理两者之间的关系。

②请简述行政法律关系与行政关系之间的区别。

③请简述行政救济与行政诉讼之间的关系。

④请简述我国城乡规划许可制度的构成。

⑤请思考影响我国现阶段公众参与制度的因素及其存在的问题。

第 5 章　城乡规划法律法规体系建构

5.1　我国城乡规划法制建设历程

我国城乡规划法制建设历程可以追溯到 20 世纪 50 年代初。最初的城乡规划工作主要集中在城市,以解决城市发展中的问题。1958 年,我国成立了第一个专门负责城市规划的机构——城市规划管理局。20 世纪 60 年代,城市规划开始考虑到环境保护和生态问题。随着城市化进程的加快,对城市规划的需求也越来越迫切。

改革开放以后,我国开始关注农村地区的规划建设。2007 年,我国出台了《中华人民共和国城乡规划法》,这是我国城乡规划法制建设的重要里程碑,标志着城乡规划工作正式进入法制化轨道。此后,城乡规划法制建设不断完善,相继出台了一系列法律法规和政策文件,为城乡规划提供了法律保障和制度支持。

随着城乡一体化发展理念的提出,我国城乡规划也在不断创新和完善,致力于实现城乡统筹、协调发展的目标。未来,随着经济社会的发展和城乡发展格局的变化,我国的城乡规划法制建设将继续不断深化。

我国城乡规划法制建设历程如表 5-1 所示。

表 5-1　我国城乡规划法制建设历程简表

时　间	文 件 名 称
1951 年	《基本建设工作程序暂行办法》
1952 年	《基本建设工作暂行办法》
1956 年	《国务院关于加强新工业区和新工业城市建设工作几个问题的决定》
1972 年	《关于加强基本建设管理的几项意见》
1978 年	《中共中央关于加强城市建设工作的意见》
1984 年	《城市规划条例》
1989 年	《中华人民共和国城市规划法》

续表

时　　间	文　件　名　称
2007 年	《中华人民共和国城乡规划法》
2019 年	《中共中央　国务院关于建立国土空间规划体系并监督实施的若干意见》

1. 国民经济恢复与"一五"计划时期

1949—1952 年为国民经济恢复期，1953—1957 为第一个五年计划时期。1956年国家建设委员会颁发的《城市规划编制暂行办法》，成为新中国第一个关于城市规划的法规文件，规范了城市总体规划和详细规划的编制行为。到 1957 年全国一共批准了兰州、洛阳、哈尔滨、西安、太原、沈阳等 15 个城市的总体规划和部分详细规划。

2. "大跃进"与"文化大革命"时期

1958—1965 年为"大跃进"时期，1966—1976 年为"文化大革命"时期。这一历史时期，我国城市规划工作屡受重挫，直到废弃，城市建设与管理严重失控，盲目混乱，无法可依，城市规划法制建设随之停滞不前。

3. 社会主义现代化建设新时期

1977—2009 年为社会主义现代化建设新时期。

1978 年 3 月国务院在北京召开第三次全国城市工作会议，强调全国都要认真编制和修订城市的总体规划、近期规划和详细规划。

1980 年 12 月国家建设委员会颁发了《城市规划编制审批暂行办法》，其为我国城市规划的编制和审批提供了法规及技术依据。

1983 年 11 月国务院常务会议讨论了《城市规划法（草案）》，决定以《城市规划条例》的形式颁布。1984 年 1 月 5 日国务院颁发了《城市规划条例》，其成为新中国城市规划管理方面的第一部法规。

1989 年 12 月 26 日《中华人民共和国城市规划法》通过，自 1990 年 4 月 1 日起施行，其成为新中国城乡规划史上的一座里程碑。

20 世纪 90 年代是一个以《中华人民共和国城市规划法》为中心，我国城乡规划配套法规、规章相继发布并不断完善，初步形成城乡规划法规体系框架的重要时期。

2005 年 10 月建设部颁布了《城市规划编制办法》。

2007 年 10 月 28 日《中华人民共和国城乡规划法》颁布，自 2008 年 1 月 1 日起施行。

2019 年发布的《中共中央　国务院关于建立国土空间规划体系并监督实施的若干意见》《自然资源部办公厅关于开展国土空间规划"一张图"建设和现状评估工作的通知》和 2020 年发布的《自然资源部办公厅关于加强国土空间规划监督管理的通知》,强调了开展国土空间规划"一张图"建设和现状评估工作的重要性,要求各地自然资源部门积极组织实施相关工作,确保规划编制的科学性、合理性和权威性。通过这一举措,有望提升国土空间利用效率,推动可持续发展战略的实施。

5.2　我国现有的空间规划法律法规体系

我国现有的空间规划法律法规体系主要包括《中华人民共和国城乡规划法》《中华人民共和国土地管理法》《中华人民共和国环境保护法》,以及涉及其他空间要素管理的法规,如《基本农田保护条例》《中华人民共和国草原法》《中华人民共和国水法》《中华人民共和国森林法》《中华人民共和国文物保护法》《中华人民共和国旅游法》《中华人民共和国测绘法》《行政区域界线管理条例》等,同时还有涉及上述相关法律法规配套的管理或实施条例、规范技术标准等。

5.2.1　城乡规划法律法规体系

我国城乡规划法律法规体系以《中华人民共和国城乡规划法》为核心,另有如《风景名胜区条例》《历史文化名城名镇名村保护条例》等行政法规,以及《××规划编制审批办法》等部门规章、规划性文件等。我国城乡规划法规体系主要类型如表5-2 所示。

表 5-2　我国城乡规划法律法规体系主要类型

序号	类　别	名　称	实施日期
1	法律	《中华人民共和国城乡规划法》	2008.01.01
2	行政法规	《村庄和集镇规划建设管理条例》	1993.11.01
		《风景名胜区条例》	2006.12.01
		《历史文化名城名镇名村保护条例》	2008.07.01

续表

序号	类　别		名　　称	实 施 日 期
3	部门规章与规划性文件	城乡规划编制与审批	《城市规划编制办法》	2006.04.01
			《省域城镇体系规划编制审批办法》	2010.07.01
			《城市总体规划实施评估办法(试行)》	2009.04.16
			《城市总体规划审查工作原则》	1999.04.05
			《城市总体规划编制审批办法(征求意见稿)》	2016.10.31
			《城市、镇控制性详细规划编制审批办法》	2011.01.01
			《历史文化名城保护规划编制要求》	1994.09.05
			《城市绿化规划建设指标的规定》	1994.01.01
			《城市综合交通体系规划编制导则》	2010.05.26
			《村镇规划编制办法(试行)》	2000.02.14
			《城市规划强制性内容暂行规定》	2002.08.29
		城乡规划实施管理与监督检查	《城市抗震防灾规划管理规定》	2003.11.01
			《近期建设规划工作暂行办法》	2002.08.29
			《城市绿线管理办法》	2002.11.01
			《城市紫线管理办法》	2004.02.01
			《城市黄线管理办法》	2006.03.01
			《城市蓝线管理办法》	2006.03.01
			《建制镇规划建设管理办法》	1995.07.01
			《市政公用设施抗灾设防管理规定》	2008.12.01
			《停车场建设和管理暂行规定》	1989.01.01
			《城建监察规定》	1996.09.22
			《建设项目选址规划管理办法》	1991.08.23
			《城市国有土地使用权出让转让规划管理办法》	1993.01.01
			《开发区规划管理办法》	1995.07.01
			《城市地下空间开发利用管理规定》	1997.10.27

序号	类别	名称	实施日期
4	城乡规划行业管理	《城乡规划编制单位资质管理办法》	2024.01.24
		《注册城乡规划师职业资格制度规定》	2017.05.22

5.2.2 土地利用规划法律法规体系

我国土地利用规划法律法规体系以《中华人民共和国土地管理法》为核心,其他法规、行政规章主要包括《中华人民共和国土地管理法实施条例》《基本农田保护条例》等。我国土地利用规划法律法规主要类型如表 5-3 所示。

表 5-3 我国土地利用规划法律法规主要类型

序号	类别	名称	实施日期
1	法律	《中华人民共和国土地管理法》	1987.01.01
2	行政法规	《中华人民共和国土地管理法实施条例》	1991.01.04
		《基本农田保护条例》	1999.01.01
		《国有土地上房屋征收与补偿条例》	2011.01.21
3	部门规章	《土地利用总体规划管理办法》	2017.05.08
		《土地利用总体规划编制审查办法》	2009.02.04
		《建设项目用地预审管理办法》	2001.07.25
		《土地利用年度计划管理办法》	2004.12.01
		《节约集约利用土地规定》	2014.09.01
		《土地复垦条例实施办法》	2013.03.01
		《闲置土地处置办法》	2012.07.01
		《土地权属争议调查处理办法》	2003.03.01
		《土地调查条例实施办法》	2009.06.17
		《土地储备管理办法》	2007.11.19

序号	类　　别	名　　　称	实 施 日 期
3	部门规章	《耕地占补平衡考核办法》	2006.08.01
		《草原征地占用审核审批管理办法》	2006.03.01

5.2.3　环境保护法律法规体系

我国环境保护法律法规体系以《中华人民共和国环境保护法》为核心，另外，除国务院颁布的有关实施环境保护法的行政法规，国务院生态环境部门和其与其他有关部门联合制定的关于环境保护规划编制、审批、实施、修改、监督检查、法律责任等内容的部门规章外，还有《中华人民共和国水污染防治法》《中华人民共和国大气污染防治法》《中华人民共和国固体废物污染环境防治法》《中华人民共和国放射性污染防治法》《中华人民共和国环境影响评价法》等。我国环境保护法规体系主要类型如表 5-4 所示。

表 5-4　我国环境保护法律法规体系主要类型

序号	类　　别	名　　　称	实 施 日 期
1	法律	《中华人民共和国环境保护法》	1989.12.26
		《中华人民共和国水污染防治法》	1984.11.01
		《中华人民共和国海洋环境保护法》	1983.03.01
		《中华人民共和国固体废物污染环境防治法》	1996.04.01
		《中华人民共和国大气污染防治法》	1988.06.01
		《中华人民共和国环境影响评价法》	2003.09.01
		《中华人民共和国草原法》	1985.10.01
		《中华人民共和国循环经济促进法》	2009.01.01
		《中华人民共和国防沙治沙法》	2002.01.01
		《中华人民共和国水法》	2002.10.01

序号	类　别	名　　称	实 施 日 期
1	法律	《中华人民共和国水土保持法》	1991.06.29
		《中华人民共和国清洁生产促进法》	2003.01.01
		《中华人民共和国野生动物保护法》	1989.03.01
		《中华人民共和国放射性污染防治法》	2003.10.01
		《中华人民共和国可再生能源法》	2006.01.01
		《中华人民共和国水污染防治法》	1984.11.01
2	行政法规	《中华人民共和国自然保护区条例》	1994.12.01
		《建设项目环境保护管理条例》	1998.11.29
		《城镇排水与污水处理条例》	2014.01.01
		《规划环境影响评价条例》	2009.10.01
		《全国污染源普查条例》	2007.10.09
3	部门规章	《国家环境保护环境与健康工作办法(试行)》	2018.01.24
		《农用地土壤环境管理办法(试行)》	2017.11.01
		《环境保护公众参与办法》	2015.09.01
		《建设项目环境影响评价资质管理办法》	2015.11.01
		《环境监察办法》	2012.09.01
		《环境行政执法后督察办法》	2011.03.01
		《地方环境质量标准和污染物排放标准备案管理办法》	2010.03.01
		《环境行政处罚办法》	2010.03.01
		《建设项目环境影响评价分类管理名录(2021年版)》	2021.01.01
		《突发环境事件应急管理办法》	2015.06.05
		《国家生态工业示范园区管理办法(试行)》	2007.12.10

5.2.4　其他空间规划法律法规体系

其他空间规划法律法规体系包括原国家海洋局、原农业部以及原国家林业局等出台的相关法律、法规、部门规章等。其他空间规划法律法规主要类型如表 5-5 所示。

表 5-5　其他空间规划法律法规主要类型

序号	类　　别	名　　称	实 施 日 期
1	法律	《中华人民共和国海域使用管理办法》	2002.01.01
		《中华人民共和国港口法》	2004.01.01
		《中华人民共和国海岛保护法》	2010.03.01
		《中华人民共和国深海海底区域资源勘探开发法》	2016.05.01
		《中华人民共和国海洋环境保护法》	1983.03.01
		《中华人民共和国农业法》	1993.07.02
		《中华人民共和国森林法》	1985.01.01
2	法规	《中华人民共和国水下文物保护管理条例》	1989.10.20
		《中华人民共和国自然保护区条例》	1994.12.01
		《基础测绘条例》	2009.08.01
		《中华人民共和国航道管理条例》	1987.10.01
		《农田水利条例》	2016.07.01
		《城市供水条例》	1994.10.01
		《中华人民共和国水文条例》	2007.06.01
		《中华人民共和国河道管理条例》	1988.06.10
		《水土保持工程建设管理办法》	2004.02.10
		《生产建设项目水土保持方案管理办法》	2023.03.01
		《水功能区管理办法》	2017.04.01
		《退耕还林条例》	2003.01.20
		《中华人民共和国森林法实施条例》	2000.01.29
3	部门规章及其他规范性文件	《区域建设永海规划管理办法（试行）》	2016.01.20
		《国家农业综合开发资金和项目管理办法》	2010.09.04
		《国家农业科技园区管理办法》	2018.02.02
		《省级政府耕地保护责任目标考核办法》	2018.01.03
		《森林资源监督工作管理办法》	2008.01.01
		《国家级森林公园管理办法》	2011.08.01

序号	类　别	名　　称	实施日期
3	部门规章及其他规范性文件	《占用征用林地审核审批管理办法》	2001.01.04
		《国有林场管理办法》	2011.11.11
		《湿地保护管理规定》	2013.05.01
		《国家级公益林区划界定办法》	2017.04.28
		《国家级公益林管理办法》	2017.05.08

复习思考题

①简述我国城乡规划法制建设历程。

②举例说明现行城乡规划法律体系。

③风景名胜区详细规划是否属于法定规划？

第6章　城乡规划法律法规详解

6.1　城乡规划相关法律法规

6.1.1　城乡规划法律法规体系

1. 法定规划

《中华人民共和国城乡规划法》中明确的城乡规划包括城镇体系规划、城市规划、镇规划、乡规划和村庄规划。城市规划、镇规划分为总体规划和详细规划。详细规划分为控制性详细规划和修建性详细规划。

2019年发布的《中共中央　国务院关于建立国土空间规划体系并监督实施的若干意见》中明确指出,国土空间规划包括总体规划、详细规划和相关专项规划(图6-1)。国家、省、市、县编制国土空间总体规划,各地结合实际编制乡镇国土空间规划。相关专项规划指在特定区域(流域)、特定领域,为体现特定功能,对空间开发保护利用作出的专门安排,是涉及空间利用的专项规划。国土空间总体规划是详细规划的依据、相关专项规划的基础;相关专项规划要相互协同,并与详细规划做好衔接。

2. 非法定规划

非法定规划有两种分类方式,分别是按设计层次分类和按涉及范畴分类。

1) 按设计层次分类

①宏观层面:包括都市圈规划、发展战略规划等。

②中观层面:包括城市设计、专项规划(不涉及空间利用)等。

③微观层面:包括城市设计、专项规划(不涉及空间利用)、行动规划、概念研究等。

2) 按涉及范畴分类

①行政界限:如流域规划(不涉及空间利用)。

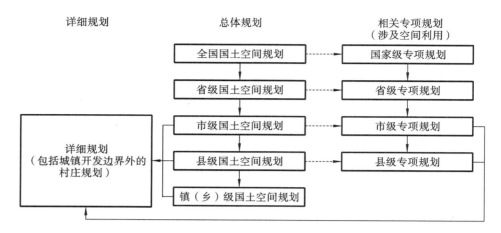

图 6-1 国土空间规划体系

②行业界限:如产业规划。

③时间界限:如远景规划。

④法定程序:如战略规划。

6.1.2 《中华人民共和国城乡规划法》

《中华人民共和国城乡规划法》(图 6-2)于 2007 年 10 月 28 日第十届全国人民代表大会常务委员会第三十次会议通过。

2015 年 4 月 24 日,根据第十二届全国人民代表大会常务委员会第十四次会议《关于修改〈中华人民共和国港口法〉等七部法律的决定》,《中华人民共和国城乡规划法》第一次修正。

2019 年 4 月 23 日,根据第十三届全国人民代表大会常务委员会第十次会议《关于修改〈中华人民共和国建筑法〉等八部法律的决定》,《中华人民共和国城乡规划法》第二次修正。

《中华人民共和国城乡规划法》的制定具有以下重要意义。

1. 突出城乡规划的公共政策属性

1)立法目的体现公共政策

为了加强城乡规划管理,协调城乡空间布局,改善人居环境,促进城乡经济社会全面、协调、可持续发展,制定《中华人民共和国城乡规划法》。(第一条相关内容)

中华人民共和国
城乡规划法

图 6-2　《中华人民共和国城乡规划法》

2）规划的原则体现公共政策要求

制定和实施城乡规划，应当遵循城乡统筹、合理布局、节约土地、集约发展和先规划后建设的原则，改善生态环境，促进资源、能源节约和综合利用，保护耕地等自然资源和历史文化遗产，保持地方特色、民族特色和传统风貌，防止污染和其他公害，并符合区域人口发展、国防建设、防灾减灾和公共卫生、公共安全的需要。（第四条相关内容）

3）建设发展的重点体现公共政策要求

城市的建设和发展，应当优先安排基础设施以及公共服务设施，妥善处理新区开发与旧区改建的关系，统筹兼顾进城务工人员生活和周边农村经济社会发展、村民生产与生活的需要。（第二十九条相关内容）

镇的建设和发展，应当结合农村经济社会发展和产业结构调整，优先安排供水、排水、供电、供气、道路、通信、广播电视等基础设施和学校、卫生院、文化站、幼儿园、福利院等公共服务设施的建设，为周边农村提供服务。（第二十九条相关内容）

近期建设规划应当以重要基础设施、公共服务设施和中低收入居民住房建设以及生态环境保护为重点内容，明确近期建设的时序、发展方向和空间布局。（第三十四条相关内容）

4）城乡规划制定、实施的程序体现公众的参与

城乡规划报送审批前,应当依法将城乡规划草案予以公告(图 6-3),并采取论证会、听证会或者其他方式征求专家和公众的意见。公告的时间不得少于三十日。组织编制机关应当充分考虑专家和公众的意见,并在报送审批的材料中附具意见采纳情况及理由。（第二十六条相关内容）

图 6-3 规划公示示例

修改控制性详细规划和经依法审定的修建性详细规划的,应当征求规划地段内利害关系人的意见。（第四十八、五十条相关内容）

村庄规划在报送审批前,应当经村民会议或者村民代表会议讨论同意。（第二十二条相关内容）

5）保证公平,明确有关赔偿或补偿责任

因依法修改城乡规划给被许可人合法权益造成损失的,应当依法给予补偿。（第五十条相关内容）

因撤销行政许可给被许可人合法权益造成损失的,应当依法给予赔偿。（第五十七条相关内容）

2. 强调城乡规划综合调控的地位和作用

1）法律适用范围广,强调城乡统筹、区域统筹

《中华人民共和国城乡规划法》所称城乡规划,包括城镇体系规划、城市规划、镇

规划、乡规划和村庄规划。镇规划、乡规划和村庄规划被纳入城乡规划体系中,构成规划体系中不同的组成部分。

《中华人民共和国城乡规划法》所称规划区,是指城市、镇和村庄的建成区以及因城乡建设和发展需要,必须实行规划控制的区域。规划区的具体范围由有关人民政府在组织编制的城市总体规划、镇总体规划、乡规划和村庄规划中,根据城乡经济社会发展水平和统筹城乡发展的需要划定。(第二条相关内容)

城市的建设和发展,应当统筹兼顾进城务工人员生活和周边农村经济社会发展、村民生产与生活的需要。

2)确立先规划后建设的原则

城市和镇应当依照《中华人民共和国城乡规划法》制定城市规划和镇规划。城市、镇规划区内的建设活动应当符合规划要求。(第三条相关内容)

在城市总体规划、镇总体规划确定的建设用地范围以外,不得设立各类开发区和城市新区。(第三十条相关内容)

城乡规划主管部门不得在城乡规划确定的建设用地范围以外作出规划许可。(第四十二条相关内容)

3)"三规合一"是规划未来发展的必然趋势

城市总体规划、镇总体规划以及乡规划和村庄规划的编制,应当依据国民经济和社会发展规划,并与土地利用总体规划相衔接。(第五条相关内容)

3.建立城乡规划体系

1)体现了一级政府、一级规划、一级事权的规划编制要求

对乡规划和村庄规划的特别规定如下:

县级以上地方人民政府根据本地农村经济社会发展水平,按照因地制宜、切实可行的原则,确定应当制定乡规划、村庄规划的区域。在确定区域内的乡、村庄,应当依照《中华人民共和国城乡规划法》制定规划,规划区内的乡、村庄建设应当符合规划要求。县级以上地方人民政府鼓励、指导前款规定以外的区域的乡、村庄制定和实施乡规划、村庄规划。(第三条相关内容)

2)明确规划的强制性内容

规划区范围、规划区内建设用地规模、基础设施和公共服务设施用地、水源地和水系、基本农田和绿化用地、环境保护、自然与历史文化遗产保护以及防灾减灾等内

容,应当作为城市总体规划、镇总体规划的强制性内容。(第十七条相关内容)

3)突出近期建设规划的地位

城市、县、镇人民政府应当根据城市总体规划、镇总体规划、土地利用总体规划和年度计划以及国民经济和社会发展规划,制定近期建设规划,报总体规划审批机关备案。近期建设规划应当以重要基础设施、公共服务设施和中低收入居民住房建设以及生态环境保护为重点内容,明确近期建设的时序、发展方向和空间布局。近期建设规划的规划期限为五年。(第三十四条相关内容)

4. 严格城乡规划修改的程序

1)对城乡规划评估(第四十六条相关内容)

省域城镇体系规划、城市总体规划、镇总体规划的组织编制机关,应当组织有关部门和专家定期对规划实施情况进行评估,并采取论证会、听证会或者其他方式征求公众意见。组织编制机关应当向本级人民代表大会常务委员会、镇人民代表大会和原审批机关提出评估报告并附具征求意见的情况。

2)修改省域城镇体系规划、城市总体规划、镇总体规划的规定(第四十七条相关内容)

有下列情形之一的,组织编制机关方可按照规定的权限和程序修改省域城镇体系规划、城市总体规划、镇总体规划:

①上级人民政府制定的城乡规划发生变更,提出修改规划要求的;

②行政区划调整确需修改规划的;

③因国务院批准重大建设工程确需修改规划的;

④经评估确需修改规划的;

⑤城乡规划的审批机关认为应当修改规划的其他情形。

修改省域城镇体系规划、城市总体规划、镇总体规划前,组织编制机关应当对原规划的实施情况进行总结,并向原审批机关报告;修改涉及城市总体规划、镇总体规划强制性内容的,应当先向原审批机关提出专题报告,经同意后,方可编制修改方案。修改后的省域城镇体系规划、城市总体规划、镇总体规划,应当依照《中华人民共和国城乡规划法》第十三条、第十四条、第十五条和第十六条规定的审批程序报批。

3)修改详细规划的规定(第四十八条相关内容)

修改控制性详细规划的,组织编制机关应当对修改的必要性进行论证,征求规划地段内利害关系人的意见,并向原审批机关提出专题报告,经原审批机关同意后,方可编制修改方案。修改后的控制性详细规划,应当依照《中华人民共和国城乡规划法》第十九条、第二十条规定的审批程序报批。控制性详细规划修改涉及城市总体规划、镇总体规划的强制性内容的,应当先修改总体规划。

4) 修改乡规划和村庄规划的规定(第四十八条相关内容)

修改乡规划、村庄规划的,应当依照《中华人民共和国城乡规划法》第二十二条规定的审批程序报批。

5) 修改规划的补偿规定(第五十条相关内容)

在选址意见书、建设用地规划许可证、建设工程规划许可证或者乡村建设规划许可证发放后,因依法修改城乡规划给被许可人合法权益造成损失的,应当依法给予补偿。经依法审定的修建性详细规划、建设工程设计方案的总平面图不得随意修改;确需修改的,城乡规划主管部门应当采取听证会等形式,听取利害关系人的意见;因修改给利害关系人合法权益造成损失的,应当依法给予补偿。

5. 完善城乡规划许可证制度

1) 针对土地有偿使用制度和投资体制改革的建设用地规划管理制度

需要有关部门批准或者核准的建设项目,以划拨方式提供国有土地使用权的,建设单位在报送有关部门批准或者核准前,应当向城乡规划主管部门申请核发选址意见书。(第三十六条相关内容)

以出让方式提供国有土地使用权的,在国有土地使用权出让前,城市、县人民政府城乡规划主管部门应当依据控制性详细规划,提出出让地块的位置、使用性质、开发强度等规划条件,作为国有土地使用权出让合同的组成部分。未确定规划条件的地块,不得出让国有土地使用权。(第三十八条相关内容)

2) 规定各项城乡规划的行政许可

规定各项城乡规划的行政许可包括:项目选址意见书(图 6-4)、建设用地规划许可证(图 6-5)、建设工程规划许可证(图 6-6)、乡村建设规划许可证、城市地下空间规划管理、临时建设规划管理、建设工程完工后的规划条件核实、城乡规划编制单位资质管理、规划师执业资格管理。

中华人民共和国
建设项目
用地预审与选址意见书

用字第 □□□□ 号

根据《中华人民共和国土地管理法》《中华人民共和国城乡规划法》和国家有关规定，经审核，本建设项目符合国土空间用途管制要求，核发此书。

核发机关 江阴市自然资源和规划局
日 期 2023年03月22日

基本情况	项目名称	东港路
	项目代码	
	建设单位名称	江阴临港工业园区开发有限公司
	项目建设依据	《江阴临港经济开发区工业片区控制性详细规划》《无锡市澄锡市（区）国土空间规划过期实施方案》
	项目拟选位置	江阴市利港镇北星阳路路、南芝路星路
	拟用地面积（含各地类明细）	用地总面积：2.5296公顷，农用地合计：2.1861公顷，其中耕地：1.1377公顷，建设用地：0.3345公顷。
	拟建设规模	
附图及附件名称		1、规划选址图：澄自然资规选图（2023）第20号 2、规划要点：澄自然要规要（2023）24号

遵守事项

一、本书是自然资源主管部门依法审核建设项目用地预审和规划选址的法定凭据。
二、未经依法审核同意，本书的各项内容不得随意变更。
三、本书所需附图及附件由相应权限的机关依法确定，与本书具有同等法律效力，附图指建设项目规划选址范围图，附件指拟建设用地要求。
四、本书自核发起有效期三年。如对土地用途、建设项目选址等进行重大调整的，应当重新办理本书。

图 6-4 建设项目用地预审与选址意见书示例

中华人民共和国
建设用地规划许可证

地字第 □□□□ 号

根据《中华人民共和国土地管理法》《中华人民共和国城乡规划法》和国家有关规定，经审核，本建设用地符合国土空间规划和用途管制要求，颁发此证。

发证机关 嘉兴市自然资源和规划局
日 期 2022年7月25日

用 地 单 位	嘉兴市快速路建设发展有限公司
项 目 名 称	嘉兴市市区快速路环线工程（三期一阶段）
批准用地机关	嘉兴市自然资源和规划局
批准用地文号	
用 地 位 置	中环西路、经中环北路转中环东路
用 地 面 积	5972平方米
土 地 用 途	交通运输用地
建 设 规 模	
土地取得方式	划拨
附件附图名称	用地红线图及规划条件

遵守事项

一、本证是经自然资源主管部门依法审核，建设用地符合国土空间规划和用途管制要求，准予使用土地的法律凭证。
二、未取得本证而占用土地的，属违法行为。
三、未经发证机关审核同意，本书的各项内容不得随意变更。
四、本书所需附图与附件由发证机关依法确定，与本证具有同等法律效力。

图 6-5 建设用地规划许可证示例

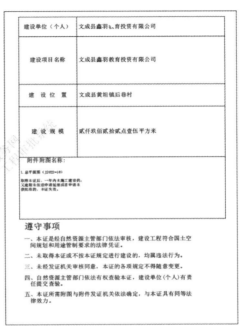

图 6-6　建设工程规划许可证示例

6. 对行政权力的监督制约

1）加强上级对下级的行政监督

直辖市的城市总体规划由直辖市人民政府报国务院审批。省、自治区人民政府所在地的城市以及国务院确定的城市的总体规划,由省、自治区人民政府审查同意后,报国务院审批。其他城市的总体规划,由城市人民政府报省、自治区人民政府审批。（第十四条相关内容）

县人民政府组织编制县人民政府所在地镇的总体规划,报上一级人民政府审批。其他镇的总体规划由镇人民政府组织编制,报上一级人民政府审批。（第十五条相关内容）

2）加强人民代表大会的监督

省、自治区人民政府组织编制的省域城镇体系规划,城市、县人民政府组织编制的总体规划,在报上一级人民政府审批前,应当先经本级人民代表大会常务委员会审议,常务委员会组成人员的审议意见交由本级人民政府研究处理。镇人民政府组织编制的镇总体规划,在报上一级人民政府审批前,应当先经镇人民代表大会审议,代表的审议意见交由本级人民政府研究处理。规划的组织编制机关报送审批省域城镇体系规划、城市总体规划或者镇总体规划，应当将本级人民代表大会常务委员会组成人员或者镇人民代表大会代表的审议意见和根据审议意见修改规划的情况一并报送。（第十六条相关内容）

3）加强社会公众的监督

任何单位和个人都应当遵守经依法批准并公布的城乡规划，服从规划管理，并有权就涉及其利害关系的建设活动是否符合规划的要求向城乡规划主管部门查询。任何单位和个人都有权向城乡规划主管部门或者其他有关部门举报或者控告违反城乡规划的行为。城乡规划主管部门或者其他有关部门对举报或者控告，应当及时受理并组织核查、处理。（第九条相关内容）

7．对城乡规划编制单位的要求

1）对城乡规划编制单位的资质管理及责任追究

（1）规划编制单位资质条件的规定（第二十四条相关内容）

从事城乡规划编制工作应当具备下列条件，并经国务院城乡规划主管部门或者省、自治区、直辖市人民政府城乡规划主管部门依法审查合格，取得相应等级的资质证书后，方可在资质等级许可的范围内从事城乡规划编制工作：

①有法人资格；

②有规定数量的经相关行业协会注册的规划师；

③有规定数量的相关专业技术人员；

④有相应的技术装备；

⑤有健全的技术、质量、财务管理制度。

编制城乡规划必须遵守国家有关标准。

（2）规划编制单位编制规划的要求（第二十四条相关内容）

城乡规划组织编制机关应当委托具有相应资质等级的单位承担城乡规划的具体编制工作。

（3）对规划编制单位的责任追究（第六十二、六十三条相关内容）

城乡规划编制单位有下列行为之一的，由所在地城市、县人民政府城乡规划主管部门责令限期改正，处合同约定的规划编制费一倍以上二倍以下的罚款；情节严重的，责令停业整顿，由原发证机关降低资质等级或者吊销资质证书；造成损失的，依法承担赔偿责任：

①超越资质等级许可的范围承揽城乡规划编制工作的；

②违反国家有关标准编制城乡规划的。

未依法取得资质证书承揽城乡规划编制工作的，由县级以上地方人民政府城乡规划主管部门责令停止违法行为，依照前款规定处以罚款；造成损失的，依法承担赔偿责任。

以欺骗手段取得资质证书承揽城乡规划编制工作的，由原发证机关吊销资质证书，依照本条第一款规定处以罚款；造成损失的，依法承担赔偿责任。

城乡规划编制单位取得资质证书后，不再符合相应的资质条件的，由原发证机关责令限期改正；逾期不改正的，降低资质等级或者吊销资质证书。

2）对注册规划师执业的管理（第二十四条规定授权）

经相关行业协会注册的规划师，并经国务院城乡规划主管部门或者省、自治区、直辖市人民政府城乡规划主管部门依法审查合格，取得相应等级的资质证书后，方可在资质等级许可的范围内从事城乡规划编制工作。

8. 强化法律责任

1）追究政府和行政人员的责任（第五十八至六十一条相关内容）

对依法应当编制城乡规划而未组织编制，或者未按法定程序编制、审批、修改城乡规划的，由上级人民政府责令改正，通报批评；对有关人民政府负责人和其他直接责任人员依法给予处分。

城乡规划组织编制机关委托不具有相应资质等级的单位编制城乡规划的，由上级人民政府责令改正，通报批评；对有关人民政府负责人和其他直接责任人员依法给予处分。

镇人民政府或者县级以上人民政府城乡规划主管部门有下列行为之一的，由本级人民政府、上级人民政府城乡规划主管部门或者监察机关依据职权责令改正，通报批评；对直接负责的主管人员和其他直接责任人员依法给予处分：

①未依法组织编制城市的控制性详细规划、县人民政府所在地镇的控制性详细规划的；

②超越职权或者对不符合法定条件的申请人核发选址意见书、建设用地规划许可证、建设工程规划许可证、乡村建设规划许可证的；

　　③对符合法定条件的申请人未在法定期限内核发选址意见书、建设用地规划许可证、建设工程规划许可证、乡村建设规划许可证的;

　　④未依法对经审定的修建性详细规划、建设工程设计方案的总平面图予以公布的;

　　⑤同意修改修建性详细规划、建设工程设计方案的总平面图前未采取听证会等形式听取利害关系人的意见的;

　　⑥发现未依法取得规划许可或者违反规划许可的规定在规划区内进行建设的行为,而不予查处或者接到举报后不依法处理的。

　　县级以上人民政府有关部门有下列行为之一的,由本级人民政府或者上级人民政府有关部门责令改正,通报批评;对直接负责的主管人员和其他直接责任人员依法给予处分:

　　①对未依法取得选址意见书的建设项目核发建设项目批准文件的;

　　②未依法在国有土地使用权出让合同中确定规划条件或者改变国有土地使用权出让合同中依法确定的规划条件的;

　　③对未依法取得建设用地规划许可证的建设单位划拨国有土地使用权的。

　　2)追究城乡规划编制单位的责任(第六十二、六十三条相关内容)

　　城乡规划编制单位有下列行为之一的,由所在地城市、县人民政府城乡规划主管部门责令限期改正,处合同约定的规划编制费一倍以上二倍以下的罚款;情节严重的,责令停业整顿,由原发证机关降低资质等级或者吊销资质证书;造成损失的,依法承担赔偿责任:

　　①超越资质等级许可的范围承揽城乡规划编制工作的;

　　②违反国家有关标准编制城乡规划的。

　　未依法取得资质证书承揽城乡规划编制工作的,由县级以上地方人民政府城乡规划主管部门责令停止违法行为,依照前款规定处以罚款;造成损失的,依法承担赔偿责任。

　　以欺骗手段取得资质证书承揽城乡规划编制工作的,由原发证机关吊销资质证书,依照本条第一款规定处以罚款;造成损失的,依法承担赔偿责任。

　　城乡规划编制单位取得资质证书后,不再符合相应的资质条件的,由原发证机关责令限期改正;逾期不改正的,降低资质等级或者吊销资质证书。

3）追究违法建设行为的责任、明确对违法行为给予罚款的范围和数额（第六十四条至六十七条相关内容）

未取得建设工程规划许可证或者未按照建设工程规划许可证的规定进行建设的，由县级以上地方人民政府城乡规划主管部门责令停止建设；尚可采取改正措施消除对规划实施的影响的，限期改正，处建设工程造价百分之五以上百分之十以下的罚款；无法采取改正措施消除影响的，限期拆除，不能拆除的，没收实物或者违法收入，可以并处建设工程造价百分之十以下的罚款。

在乡、村庄规划区内未依法取得乡村建设规划许可证或者未按照乡村建设规划许可证的规定进行建设的，由乡、镇人民政府责令停止建设、限期改正；逾期不改正的，可以拆除。

建设单位或者个人有下列行为之一的，由所在地城市、县人民政府城乡规划主管部门责令限期拆除，可以并处临时建设工程造价一倍以下的罚款：

①未经批准进行临时建设的；

②未按照批准内容进行临时建设的；

③临时建筑物、构筑物超过批准期限不拆除的。

建设单位未在建设工程竣工验收后六个月内向城乡规划主管部门报送有关竣工验收资料的，由所在地城市、县人民政府城乡规划主管部门责令限期补报；逾期不补报的，处一万元以上五万元以下的罚款。

4）授予政府对违法建筑的强制拆除权（第六十八条相关内容）

城乡规划主管部门作出责令停止建设或者限期拆除的决定后，当事人不停止建设或者逾期不拆除的，建设工程所在地县级以上地方人民政府可以责成有关部门采取查封施工现场、强制拆除等措施。

案例一：赵某未取得建设工程规划许可证违法建设案

赵某未经批准在遵义市汇川区上海路中影星尊国际电影城三楼楼顶修建篮球场及辅助设施，尚未完工，已建成建筑物面积约 300 平方米，钢架结构，建筑层数为一层。其行为违反了《中华人民共和国城乡规划法》第四十条第一款的规定。

依据《中华人民共和国城乡规划法》第六十四条的规定，综合行政执法局于 2022 年 5 月 23 日向当事人下达《责令改正违法行为通知书》，当事人接到该通知后拒不停止建设,2022年6月18日再次被举报。2022年7月综合行政执法体制深化改革后,原属综合行政执法局的自然资源领域行政处罚权调整到自然资源部门行使,由汇川区自然资源局承担后续执法工作。2022年9月30日,汇川区人民政府责成汇川区自然资源局、上海路街道办事处等相关部门依照《中华人民共和国城乡规划法》第六十八条的规定,按照新增快速处置程序对该钢架棚采取了强制拆除的措施,当日拆除完毕。

案例二:新疆维吾尔自治区乌鲁木齐市政府违法批地建设商住项目案

2018年5月,乌鲁木齐市政府未经农用地转用和土地征收审批,擅自批准将米东区卡子湾村集体土地11.5公顷(耕地10.5公顷)供应给新疆中安光耀房地产开发有限公司,用于丽景湾一期、二期商住项目建设,并在土地市场动态监测监管系统中虚假挂钩《米东区实施城市规划2014年第三批建设用地》批准文件。2018年8月,项目开始动工建设。目前,乌鲁木齐市通过土地市场动态监测监管系统撤回两宗用地出让合同,并上报自治区自然资源厅完善用地手续。

案例三:襄阳市突破城市总体规划建设用地范围违法建设光彩工业园案

襄阳市光彩工业园占地面积约23.7万平方米,其中14.3万平方米在国务院批复的《襄阳市城市总体规划(2011—2020)》建设用地范围之外。自2011年起,建设单位陆续办理了规划许可手续。目前,已建成32栋建筑且大部分投入使用,建筑面积约21.5万平方米。上述行为严重违反了《中华人民共和国城乡规划法》第三十条、第四十二条等的规定。

6.1.3 《城市规划编制办法》

《城市规划编制办法》于2005年10月28日经建设部第76次常务会议讨论通过,自2006年4月1日起施行。

城市规划编制的具体要求如下。

①编制城市规划,要妥善处理城乡关系,引导城镇化健康发展,体现布局合理、资源节约、环境友好的原则,保护自然与文化资源,体现城市特色,考虑城市安全和国防建设需要。

②编制城市规划,对涉及城市发展长期保障的资源利用和环境保护、区域协调发展、风景名胜资源管理、自然与文化遗产保护、公共安全和公众利益等方面的内容,应当确定为必须严格执行的强制性内容。

③城市总体规划包括市域城镇体系规划和中心城区规划。编制城市总体规划,应当先组织编制总体规划纲要,研究确定总体规划中的重大问题,作为编制规划成果的依据。

④编制城市总体规划,应当以全国城镇体系规划、省域城镇体系规划以及其他上层次法定规划为依据;编制城市近期建设规划、城市分区规划,应当以已经依法批准的城市总体规划为依据;编制城市控制性详细规划,应当依据已经依法批准的城市总体规划或分区规划;编制城市修建性详细规划,应当依据已经依法批准的控制性详细规划。

⑤历史文化名城的城市总体规划,应当包括专门的历史文化名城保护规划。历史文化街区应当编制专门的保护性详细规划。

⑥城市规划成果的表达应当清晰、规范,成果文件、图件与附件中说明、专题研究、分析图纸等表达应有区分。

城市规划成果文件应当以书面和电子文件两种方式表达。

6.1.4 《城镇体系规划编制审批办法》

1. 城镇体系的概念

城镇体系是指一定区域范围内在经济社会和空间发展上具有有机联系的城镇群体。

2. 城镇体系规划的任务

城镇体系规划的任务具体如下:

①综合评价城镇发展条件;

②制订区域城镇发展战略;

③预测区域人口增长和城镇化水平;

④拟定各相关城镇的发展方向与规模;

⑤协调城镇发展与产业配置的时空关系;

⑥统筹安排区域基础设施和社会设施;

⑦引导和控制区域城镇的合理发展与布局;

⑧指导城市总体规划的编制。

3. 城镇体系规划的内容

城镇体系规划的主要内容如下:

①综合评价区域与城市的发展和开发建设条件;

②预测区域人口增长,确定城镇化目标;

③确定本区域的城镇发展战略,划分城市经济区;

④提出城镇体系的功能结构和城镇分工;

⑤确定城镇体系的等级和规模结构;

⑥确定城镇体系的空间布局;

⑦统筹安排区域基础设施、社会设施;

⑧确定保护区域生态环境、自然和人文景观以及历史文化遗产的原则和措施;

⑨确定各时期重点发展的城镇,提出近期重点发展城镇的规划建议;

⑩提出实施规划的政策和措施。

6.1.5 《城市规划强制性内容暂行规定》

1. 城市规划强制性内容的定义

《城市规划强制性内容暂行规定》所称强制性内容,是指省域城镇体系规划、城市总体规划、城市详细规划中涉及区域协调发展、资源利用、环境保护、风景名胜资源管理、自然与文化遗产保护、公众利益和公共安全等方面的内容。

城市规划强制性内容是对城市规划实施进行监督检查的基本依据。

2. 城市规划强制性内容的基本要求

城市规划强制性内容的基本要求如下:

①城市规划强制性内容是省域城镇体系规划、城市总体规划和详细规划的必备内容,应当在图纸上有准确标明,在文本上有明确、规范的表述,并应当提出相应的管理措施;

②编制省域城镇体系规划、城市总体规划和详细规划,必须明确强制性内容。

3. 省域城镇体系规划的强制性内容

省域城镇体系规划的强制性内容如下:

①省域内必须控制开发的区域,包括自然保护区、退耕还林(草)地区、大型湖泊、水源保护区、分滞洪地区,以及其他生态敏感区。

②省域内的区域性重大基础设施的布局,包括高速公路、干线公路、铁路、港口、机场、区域性电厂和高压输电网、天然气门站、天然气主干管、区域性防洪、滞洪骨干工程、水利枢纽工程、区域引水工程等。

③涉及相邻城市的重大基础设施布局,包括城市取水口、城市污水排放口、城市垃圾处理场等。

4. 城市总体规划的强制性内容

城市总体规划的强制性内容具体如下:

①市域内必须控制开发的地域,包括风景名胜区,湿地、水源保护区等生态敏感区,基本农田保护区,地下矿产资源分布地区;

②城市建设用地,包括规划期限内城市建设用地的发展规模、发展方向,根据建设用地评价确定的土地使用限制性规定,城市各类园林和绿地的具体布局;

③城市基础设施和公共服务设施,包括城市主干道的走向、城市轨道交通的线路走向、大型停车场布局,城市取水口及其保护区范围、给水和排水主管网的布局,电厂位置、大型变电站位置、燃气储气罐站位置,文化、教育、卫生、体育、垃圾和污水处理等公共服务设施的布局;

④历史文化名城保护,包括历史文化名城保护规划确定的具体控制指标和规定,历史文化保护、历史建筑群、重要地下文物埋藏区的具体位置和界线;

⑤城市防灾工程,包括城市防洪标准、防洪堤走向,城市抗震与消防疏散通道,城市人防设施布局,地质灾害防护规定;

⑥近期建设规划,包括城市近期建设重点和发展规模、近期建设用地的具体位置和范围、近期内保护历史文化遗产和风景资源的具体措施。

5. 城市详细规划的强制性内容

城市详细规划的强制性内容如下:

①规划地段各个地块的土地主要用途;

②规划地段各个地块允许的建设总量;

③对特定地区地段规划允许的建设高度;

④规划地段各个地块的绿化率、公共绿地面积规定;

⑤规划地段基础设施和公共服务设施配套建设的规定；

⑥历史文化保护区内重点保护地段的建设控制指标和规定,建设控制地区的建设控制指标(图 6-7)。

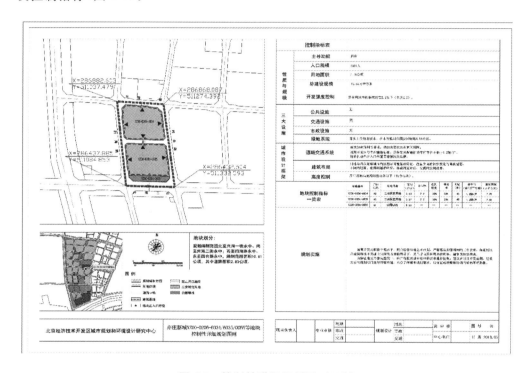

图 6-7 控制性详细规划图则示例

6. 五线控制

1）红线

城市红线指城市规划确定的快速路、主干路、次干路和支路等城市道路用地的边界控制线。城市红线一经批准,不得擅自修改。

2）绿线

城市绿线包含城市各类绿地范围的控制线,包括公共绿地、防护绿地、生产绿地、居住区绿地、单位附属绿地、道路绿地、风景林地等(图 6-8)。

城市绿线内的用地,不得改作他用,不得违反法律法规、强制性标准以及批准的规划进行开发建设。有关部门不得违反规定,批准在城市绿线范围内进行建设。因建设或者其他特殊情况,需要临时占用城市绿线内用地的,必须依法办理相关审批手续。在城市绿线范围内,不符合规划要求的建筑物、构筑物及其他设施应当限期迁出。

图 6-8　绿线控制规划图示例

3）黄线

城市黄线指对城市发展全局有影响的、城市规划中确定的、必须控制的城市基础设施用地的控制界线。

在城市黄线范围内禁止进行下列活动：

①违反城市规划要求，进行建筑物、构筑物及其他设施的建设；

②违反国家有关技术标准和规范进行建设；

③未经批准，改装、迁移或拆毁原有城市基础设施；

④其他损坏城市基础设施或影响城市基础设施安全和正常运转的行为。

4）蓝线

城市蓝线指城市规划确定的江、河、湖、库、渠和湿地等城市地表水体保护和控制的地域界线。

在城市蓝线内禁止进行下列活动：

①违反城市蓝线保护和控制要求的建设活动；

②擅自填埋、占用城市蓝线内水域；

③影响水系安全的爆破、采石、取土；

④擅自建设各类排污设施；

⑤其他对城市水系保护构成破坏的活动。

5）紫线

城市紫线指国家历史文化名城内的历史文化街区和省、自治区、直辖市人民政府公布的历史文化街区的保护范围界线，以及历史文化街区外经县级以上人民政府公布保护的历史建筑的保护范围界线。

在城市紫线范围内禁止进行下列活动：

①违反保护规划的大面积拆除、开发；

②对历史文化街区传统格局和风貌构成影响的大面积改建；

③损坏或者拆毁保护规划确定保护的建筑物、构筑物和其他设施；

④修建破坏历史文化街区传统风貌的建筑物、构筑物和其他设施；

⑤占用或者破坏保护规划确定保留的园林绿地、河湖水系、道路和古树名木等；

⑥其他对历史文化街区和历史建筑的保护构成破坏性影响的活动。

7. 历史文化名城保护

1982 年 11 月 19 日通过的《中华人民共和国文物保护法》，明确了历史文化名城保护地位，并为历史文化名城保护提供法律依据。此后，该法在修订和修正时，把历史文化名城从文物保护单位中剥离出来，单独设定为与文物保护单位并称的不可移动文物，突出强调了历史文化名城保护的特殊性和复杂性，并且还将法律适用范围扩大到了历史文化城镇、街道和村庄，并授权国务院针对历史文化名城和历史文化街区、村镇制定保护办法。

为了加强历史文化名城、名镇、名村的保护与管理，继承中华民族优秀历史文化遗产，国务院以第 524 号令颁布了 2008 年 4 月 2 日经国务院第三次常务会议通过的《历史文化名城名镇名村保护条例》，并由国家总理温家宝于 2008 年 4 月 22 日对外公布，自 2008 年 7 月 1 日起施行。

自 1982 年国务院公布第一批国家历史文化名城以来，截至 2023 年 10 月，我国国家级历史文化名城总数已达 143 个（其中海口市琼山区与海口市分计为 2 处），中国历史文化名镇总数达 312 个,中国历史文化名村总数达 487 个,基本形成了我国历史文化名城名镇名村的保护体系。143 个国家级历史文化名城中已有 89 座城市颁布了历史文化名城保护条例/办法(表 6-1),占总数的 62.24％。

表 6-1　名城保护条例/办法梳理

批次	名城保护条例/办法
第一批	《昆明市历史文化名城保护条例》(1995)
	《广州历史文化名城保护条例》(1999)
	《大同古城保护管理条例》(2000)
	《荆州市历史文化名城保护暂行办法》(2001)
	《西安历史文化名城保护条例》(2002)
	《长沙市历史文化名城保护条例》(2004)
	《北京历史文化名城保护条例》(2005)
	《云南省大理白族自治州大理历史文化名城保护条例》(2007)
	《南京市历史文化名城保护条例》(2010)
	《景德镇市历史文化名城保护办法》(2011)
	《拉萨市老城区保护条例》(2013)
	《扬州古城保护条例》(2017)
	《苏州国家历史文化名城保护条例》(2017)
	《绍兴古城保护利用条例》(2019)
	《开封古城保护条例》(2021)
	《洛阳市历史文化名城保护条例》(2021)
	《遵义历史文化名城保护条例》(2022)
	《泉州历史文化名城保护条例》(2022)
	《成都市历史文化名镇名村和传统村落保护条例》(2023)
	《承德市历史文化名城保护条例》(2023)

续表

批　　次	名城保护条例/办法
第一批	《杭州市历史文化名城保护条例》(2023)
	《曲阜市历史文化名城保护管理办法(试行)》(2023)
第二批	《韩城市历史文化名城保护规划实施管理办法》(1991)
	《山西省平遥古城保护条例》(1999)
	《榆林历史文化名城保护管理办法》(2002)
	《四川省阆中古城保护条例》(2004)
	《银川市历史文化名城保护条例》(2005)
	《云南省丽江古城保护条例》(2006)
	《沈阳历史文化名城保护条例》(2009)
	《黔东南苗族侗族自治州镇远历史文化名城保护条例》(2009)
	《淮安市历史文化名城保护管理办法》(2011)
	《宜宾市历史文化名城名镇名村保护实施办法》(2012)
	《福州市历史文化名城保护条例》(2013)
	《宁波市历史文化名城名镇名村保护条例》(2015)
	《商丘古城保护条例》(2016)
	《歙县徽州古城保护条例》(2016)
	《潮州市历史文化名城保护条例》(2017)
	《淮南市寿州古城保护条例》(2017)
	《亳州国家历史文化名城保护条例》(2018)
	《南昌市历史文化名城保护条例》(2018)
	《重庆市历史文化名城名镇名村保护条例》(2018)
	《襄阳古城保护条例》(2020)
	《镇江市历史文化名城保护条例》(2020)

续表

批　　次	名城保护条例/办法
第二批	《济南市历史文化名城保护条例》(2020) 《漳州古城保护条例》(2021) 《张掖历史文化名城保护管理办法》(2023) 《自贡历史文化名城保护条例》(2023) 《保定市历史文化名城保护条例》(2023) 《新疆维吾尔自治区喀什古城保护条例》(2024)
第三批	《云南省红河哈尼族彝族自治州建水历史文化名城保护管理条例》(1996) 《云南省巍山彝族回族自治县历史文化名城保护管理条例》(1997) 《梅州市历史文化名城保护管理办法》(2009) 《哈尔滨市历史文化名城保护条例》(2010) 《随州市历史文化名城保护暂行办法》(2013) 《岳阳历史文化名城保护条例》(2017) 《石家庄市正定古城保护条例》(2019) 《龙岩市长汀历史文化名城保护条例》(2020) 《聊城市历史文化名城名镇名村保护条例》(2020) 《鹤壁市浚县古城保护条例》(2021) 《柳州市历史文化名城保护条例》(2021) 《忻州市代县历史文化名城保护条例》(2021) 《邯郸市历史文化名城名镇名村和传统村落保护条例》(2023)
增补	《湘西土家族苗族自治州凤凰历史文化名城保护条例》(2004) 《无锡市历史文化名城保护办法》(2007) 《宜兴市历史文化名城保护办法》(2009) 《太原历史文化名城保护办法》(2009)

批　　次	名城保护条例/办法
增补	《海口市历史文化名城保护条例》(2010)
	《凉山彝族自治州会理历史文化名城保护条例》(2012)
	《北海市历史文化名城保护管理规定》(2012)
	《烟台市历史文化名城保护管理规定》(2012)
	《湖州市历史文化名城保护办法》(2013)
	《高邮市历史文化名城保护管理办法》(2014)
	《温州市历史文化名城保护管理办法》(2015)
	《中山市历史文化名城保护规定》(2016)
	《惠州市历史文化名城保护条例》(2017)
	《常州市历史文化名城保护条例》(2017)
	《抚州市历史文化名城保护办法》(2017)
	《潍坊市青州古城保护条例》(2019)
	《泰州市历史文化名城名镇保护条例》(2019)
	《永州市历史文化名城名镇名村保护条例》(2019)
	《曲靖市会泽历史文化名城保护条例》(2019)
	《九江市历史文化名城保护办法》(2020)
	《辽阳市历史文化名城保护条例》(2021)
	《秦皇岛市山海关古城保护条例》(2022)
	《安庆国家历史文化名城保护管理办法》(2022)
	《黟县历史文化名城保护管理规定》(2022)
	《泰安市历史文化名城名镇名村保护办法》(2023)
	《通海历史文化名城保护办法》(2023)
	《绩溪县历史文化名城名镇名村保护管理办法》(2024)

1）规划范围

历史文化名城、名镇、名村的申报、批准、规划、保护，适用《历史文化名城名镇名村保护条例》。（第二条相关内容）

2）保护原则和要求

历史文化名城、名镇、名村的保护应当遵循科学规划、严格保护的原则，保持和延续其传统格局和历史风貌，维护历史文化遗产的真实性和完整性，继承和弘扬中华民族优秀传统文化，正确处理经济社会发展和历史文化遗产保护的关系（图 6-9）。（第三条相关内容）

图 6-9　历史文化名城保护规划公告示例

3）主管部门

国务院建设主管部门会同国务院文物主管部门负责全国历史文化名城、名镇、名村的保护和监督管理工作。地方各级人民政府负责本行政区域历史文化名城、名镇、名村的保护和监督管理工作。（第五条相关内容）

6.1.6 《城市综合交通体系规划标准》

1. 目的与使用范围

《城市综合交通体系规划标准》(GB/T 51328—2018)适用于城市总体规划中城市综合交通体系规划编制和单独的城市综合交通体系规划编制(图 6-10)。

图例

高速公路
公路
快速路
主干路
次干路
支路
轨道
货运枢纽
客运枢纽

图 6-10　中心城区综合交通规划图示例

2. 规划基本规定

城市综合交通包括出行的两端都在城区内的城市内部交通,以及至少有一端出行在城区外的城市对外交通(包括两端均在城区外,但通过城区组织的城市过境交通)。按照服务对象的不同,城市综合交通可划分为城市客运交通与城市货运交通。城市综合交通体系规划的范围和年限应与城市总体规划一致。

城市综合交通体系应优先发展绿色、集约的交通方式,引导城市空间合理布局及人与物安全、有序地流动,并应充分发挥市场在交通资源配置中的作用,保障城市交通的效率与公平,支撑城市经济社会活动正常运行。

6.1.7　其他相关法规

其他相关法规包括《城市居住区规划设计标准》(GB 50180—2018)、《城乡建设用地竖向规划规范》(CJJ 83—2016)、《防洪标准》(GB 50201—2014)、《城市抗震防灾规划管理规定》《城市地下空间开发利用管理规定》《风景名胜区条例》等。

6.2　国土规划和国土空间规划相关法律法规

6.2.1　国土资源

国土资源是一个国家及其居民赖以生存的物质基础,是由自然资源和社会经济资源组成的物质实体。

狭义的国土资源是一个主权国家管辖范围内的全部疆域的总称,包括领土、领海和领空。国土资源是一个国家人民生活的场所和生产基地,是国家和人民赖以生存和发展的基础。从这个意义上讲,也可以认为国土资源指一个主权国家管理地域内一切自然资源的总称,其中最主要的是土地、水、气候、生物和矿产资源。国土资源与自然资源最大的区别在于国土资源有一定的空间地域限定,也就是主权范围内的自然资源即为狭义的国土资源。

1. 国土资源的类型

国土资源按存在形式可以分为以下几类:

①土地资源(农地、林地、牧地、城市用地和自然土地等);

②水资源(地表水、地下水等);

③矿物资源(固体矿物、液体矿物等);

④生物资源(作为劳动对象和科学研究对象的生物资源);

⑤海洋资源(滩涂、海岸带、大陆架、海洋经济区,以及区域中的生物与矿物等);

⑥气候资源(日光能、平均气温、积温,以及自然降水等);

⑦其他基础设施(道路、港湾、水库等)和风景胜地、重要古迹等。

2. 国土资源的保护与利用策略

1)耕地保护战略

有效保护耕地,特别是优质耕地,提高耕地的持续生产能力,能最大限度地满足未来中国人口增长和战略发展对耕地的需要,实现粮食安全、经济发展和社会稳定目标。

2)土地整理战略

土地整理是补充耕地的重要途径,可以有效缓解用地矛盾,有利于改善生态环境,是中国社会经济发展和土地利用战略的必然选择。

3)"三个集中"战略

"三个集中"包括农民居住向城镇集中、工业向工业园区集中、农田向适度规模经营集中。"三个集中"战略有利于调整土地利用结构和布局,促进集约高效用地。

4)生态保护和建设战略

坚持生态优先、绿色发展,坚持节约优先、保护优先、自然恢复为主的方针,在资源环境承载能力和国土空间开发适宜性评价的基础上,科学有序统筹布局生态、农业、城镇等功能空间,划定生态保护红线、永久基本农田、城镇开发边界等空间管控边界以及各类海域保护线,强化底线约束,为可持续发展预留空间。坚持山水林田湖草生命共同体理念,加强生态环境分区管治,量水而行,保护生态屏障,构建生态廊道和生态网络,推进生态系统保护和修复,依法开展环境影响评价。坚持陆海统筹、区域协调、城乡融合,优化国土空间结构和布局。

5)土地市场建设战略

在国家宏观调控引导下,充分发挥市场对土地资源的配置作用,是土地资源优化利用的基础。

2. 节约集约用地五种途径

节约集约用地有以下五种途径:

①实行鼓励节约和集约用地政策;

②推进土地资源的市场化配置;

③制定和实施新的土地使用标准;

④严禁闲置土地;

⑤完善新增建设用地土地有偿使用费收缴办法。

6.2.2 土地利用规划法律法规体系

1.《中华人民共和国土地管理法》

《中华人民共和国土地管理法》(图 6-11)于 1986 年 6 月 25 日第六届全国人民代

表大会常务委员会第十六次会议通过,历经 1988 年(修正)、1998 年(修订)、2004 年(修正)、2019 年(修正)三次修正,一次修订。

中华人民共和国土地管理法目录

章节	章节内容
第一章	总则
第二章	土地的所有权和使用权
第三章	土地利用总体规划
第四章	耕地保护
第五章	建设用地
第六章	监督检查
第七章	法律责任
第八章	附则 [2]

图 6-11　《中华人民共和国土地管理法》目录

《中华人民共和国土地管理法》共八章,有八十七条,旨在突出"特殊保护耕地、严格控制建设用地"和"优化市场配置、构建城乡统一建设用地市场"并重的管理制度,在提高土地利用质量和效益上取得新进展,突出各级人民政府作为土地管理主体的责任。

第一次修正:1988 年 4 月 12 日,第七届全国人民代表大会第一次会议通过的《中华人民共和国宪法修正案》规定:"土地使用权可以依照法律的规定转让。"1988 年 12 月 29 日,第七届全国人民代表大会常务委员会第五次会议根据《中华人民共和国宪法修正案》对《中华人民共和国土地管理法》做了相应的修改,规定:"国有土地和集体所有土地使用权可以依法转让;国家依法实行国有土地有偿使用制度"。这些规定为国有土地进入市场奠定了法律基础。

修订:为适应市场经济体制下严格保护耕地的需要,1998 年 8 月 29 日第九届全国人民代表大会常务委员会第四次会议对《中华人民共和国土地管理法》进行了全面修订,明确规定:国家依法实行国有土地有偿使用制度。建设单位使用国有土地,应当以有偿使用方式取得。修订后的《中华人民共和国土地管理法》于 1999 年 1 月 1 日正式施行。

第二次修正:根据 2004 年 3 月 4 日第十届全国人民代表大会第二次会议通过的《中华人民共和国宪法修正案》第二十条关于"国家为了公共利益的需要,可以依照法律规定对土地实行征收或者征用并给予补偿"的规定,2004 年 8 月 28 日第十届全国人民代表大会常务委员会第十一次会议对《中华人民共和国土地管理法》进行了第二次修正,规定:"国家为了公共利益的需要,可以依法对土地实行征收或者征用并给予补偿。"

第三次修正:为满足机构体制改革和中国经济转型升级的发展需要,进一步明确公共利益的内涵和范围,加快构建城乡统一建设用地市场和放宽宅基地流转范围,根据 2019 年 8 月 26 日第十三届全国人民代表大会常务委员会第十二次会议《关于修改〈中华人民共和国土地管理法〉、〈中华人民共和国城市房地产管理法〉的决定》,《中华人民共和国土地管理法》第三次修正,明确了土地征收补偿的基本原则,完善了对被征地农民的保障机制。

《中华人民共和国土地管理法》部分内容如下。

第一章　总则

第一条　为了加强土地管理,维护土地的社会主义公有制,保护、开发土地资源,合理利用土地,切实保护耕地,促进社会经济的可持续发展,根据宪法,制定本法。

第二条　中华人民共和国实行土地的社会主义公有制,即全民所有制和劳动群众集体所有制。

土地使用权可以依法转让。

国家为了公共利益的需要,可以依法对土地实行征收或者征用并给予补偿。

第三条　十分珍惜、合理利用土地和切实保护耕地是我国的基本国策。

第四条　国家实行土地用途管制制度。国家编制土地利用总体规划,规定土地用途,将土地分为农用地、建设用地和未利用地。

第五条　国务院自然资源主管部门统一负责全国土地的管理和监督工作。

第二章　土地的所有权和使用权

第九条　城市市区的土地属于国家所有。

农村和城市郊区的土地,除由法律规定属于国家所有的以外,属于农民集体所有;宅基地和自留地、自留山,属于农民集体所有。

第十条　国有土地和农民集体所有的土地,可以依法确定给单位或者个人使用。

第十一条　农民集体所有的土地依法属于村农民集体所有的,由村集体经济组织或者村民委员会经营、管理。

第十三条　农民集体所有和国家所有依法由农民集体使用的耕地、林地、草地，以及其他依法用于农业的土地，采取农村集体经济组织内部的家庭承包方式承包，不宜采取家庭承包方式的荒山、荒沟、荒丘、荒滩等，可以采取招标、拍卖、公开协商等方式承包，从事种植业、林业、畜牧业、渔业生产。家庭承包的耕地的承包期为三十年，草地的承包期为三十年至五十年，林地的承包期为三十年至七十年；耕地承包期届满后再延长三十年，草地、林地承包期届满后依法相应延长。

第三章　土地利用总体规划

第十六条　下级土地利用总体规划应当依据上一级土地利用总体规划编制。

省、自治区、直辖市人民政府编制的土地利用总体规划，应当确保本行政区域内耕地总量不减少。

第十八条　国家建立国土空间规划体系。编制国土空间规划应当坚持生态优先，绿色、可持续发展，科学有序统筹安排生态、农业、城镇等功能空间，优化国土空间结构和布局，提升国土空间开发、保护的质量和效率。

第二十三条　各级人民政府应当加强土地利用计划管理，实行建设用地总量控制。

第二十四条　省、自治区、直辖市人民政府应当将土地利用年度计划的执行情况列为国民经济和社会发展计划执行情况的内容，向同级人民代表大会报告。

第二十六条　国家建立土地调查制度。

第二十八条　国家建立土地统计制度。

第二十九条　国家建立全国土地管理信息系统，对土地利用状况进行动态监测。

第四章　耕地保护

第三十条　国家保护耕地，严格控制耕地转为非耕地。

第三十二条　省、自治区、直辖市人民政府应当严格执行土地利用总体规划和土地利用年度计划，采取措施，确保本行政区域内耕地总量不减少、质量不降低。

第三十四条　永久基本农田划定以乡（镇）为单位进行，由县级人民政府自然资源主管部门会同同级农业农村主管部门组织实施。

乡（镇）人民政府应当将永久基本农田的位置、范围向社会公告，并设立保护标志。

第三十五条　永久基本农田经依法划定后，任何单位和个人不得擅自占用或者改变其用途。国家能源、交通、水利、军事设施等重点建设项目选址确实难以避让永久基本农田，涉及农用地转用或者土地征收的，必须经国务院批准。

第五章 建设用地

第四十四条 建设占用土地，涉及农用地转为建设用地的，应当办理农用地转用审批手续。永久基本农田转为建设用地的，由国务院批准。

第四十五条 为了公共利益的需要，有下列情形之一，确需征收农民集体所有的土地的，可以依法实施征收：

（一）军事和外交需要用地的；

（二）由政府组织实施的能源、交通、水利、通信、邮政等基础设施建设需要用地的；

（三）由政府组织实施的科技、教育、文化、卫生、体育、生态环境和资源保护、防灾减灾、文物保护、社区综合服务、社会福利、市政公用、优抚安置、英烈保护等公共事业需要用地的；

（四）由政府组织实施的扶贫搬迁、保障性安居工程建设需要用地的；

（五）在土地利用总体规划确定的城镇建设用地范围内，经省级以上人民政府批准由县级以上地方人民政府组织实施的成片开发建设需要用地的；

（六）法律规定为公共利益需要可以征收农民集体所有的土地的其他情形。

第四十八条 征收土地应当给予公平、合理的补偿，保障被征地农民原有生活水平不降低、长远生计有保障。

第五十五条 以出让等有偿使用方式取得国有土地使用权的建设单位，按照国务院规定的标准和办法，缴纳土地使用权出让金等土地有偿使用费和其他费用后，方可使用土地。

第六十二条 农村村民一户只能拥有一处宅基地，其宅基地的面积不得超过省、自治区、直辖市规定的标准。

第六十五条 在土地利用总体规划制定前已建的不符合土地利用总体规划确定的用途的建筑物、构筑物，不得重建、扩建。

案例：敖某某非法占地案

2022 年 4 月，贵州省遵义市综合行政执法局接到敖某某涉嫌非法占地建设的线索。经查,敕某某未经批准,擅自占用遵义市新蒲新区新中街道办事处新中村顶窝组自己的承包地修建钢架棚一层,2016 年动工,2017 年完工,总占地面积 1587 平方米,建筑面积 1587 平方米,占用地类为耕地,不符合土地利用总体规划。其行为违反《中华人民共和国土地管理法》第四十四条第一款的规定,根据该法第七十七条第一款的规定,遵义市自然资源局对敕某某作出行政处罚:责令限期十五日内拆除在新中街道办事处新中村非法占用土地上修建的钢架棚及其他建构筑物,并恢复土地原状。

2.《中华人民共和国矿产资源法》

《中华人民共和国矿产资源法》(图 6-12)于 1986 年 3 月 19 日第六届全国人民代表大会常务委员会第十五次会议通过,自 1986 年 10 月 1 日起施行。

内容全文

目录

第一章 总则

第二章 矿产资源勘查的登记和开采的审批

第三章 矿产资源的勘查

第四章 矿产资源的开采

第五章 集体矿山企业和个体采矿

第六章 法律责任

第七章 附则

图 6-12 中华人民共和国矿产资源法目录

1996 年 8 月 29 日,根据第八届全国人民代表大会常务委员会第二十一次会议《关于修改〈中华人民共和国矿产资源法〉的决定》,《中华人民共和国矿产资源法》第一次修正。

2009 年 8 月 27 日,根据第十一届全国人民代表大会常务委员会第十次会议《关于修改部分法律的决定》,《中华人民共和国矿产资源法》第二次修正。

《中华人民共和国矿产资源法》部分内容如下。

第一章 总则

第三条 矿产资源属于国家所有,由国务院行使国家对矿产资源的所有权。地表或者地下的矿产资源的国家所有权,不因其所依附的土地的所有权或者使用权的不同而改变。

国家保障矿产资源的合理开发利用。禁止任何组织或者个人用任何手段侵占或者破坏矿产资源。各级人民政府必须加强矿产资源的保护工作。

勘查、开采矿产资源，必须依法分别申请、经批准取得探矿权、采矿权，并办理登记；但是，已经依法申请取得采矿权的矿山企业在划定的矿区范围内为本企业的生产而进行的勘查除外。国家保护探矿权和采矿权不受侵犯，保障矿区和勘查作业区的生产秩序、工作秩序不受影响和破坏。

从事矿产资源勘查和开采的，必须符合规定的资质条件。

第四条　国家保障依法设立的矿山企业开采矿产资源的合法权益。

国有矿山企业是开采矿产资源的主体。国家保障国有矿业经济的巩固和发展。

第五条　国家实行探矿权、采矿权有偿取得的制度；但是，国家对探矿权、采矿权有偿取得的费用，可以根据不同情况规定予以减缴、免缴。具体办法和实施步骤由国务院规定。

开采矿产资源，必须按照国家有关规定缴纳资源税和资源补偿费。

第六条　除按下列规定可以转让外，探矿权、采矿权不得转让：

（一）探矿权人有权在划定的勘查作业区内进行规定的勘查作业，有权优先取得勘查作业区内矿产资源的采矿权。探矿权人在完成规定的最低勘查投入后，经依法批准，可以将探矿权转让他人。

（二）已取得采矿权的矿山企业，因企业合并、分立，与他人合资、合作经营，或者因企业资产出售以及有其他变更企业资产产权的情形而需要变更采矿权主体的，经依法批准可以将采矿权转让他人采矿。

前款规定的具体办法和实施步骤由国务院规定。

禁止将探矿权、采矿权倒卖牟利。

第七条　国家对矿产资源的勘查、开发实行统一规划、合理布局、综合勘查、合理开采和综合利用的方针。

3.《基本农田保护条例》

《基本农田保护条例》部分内容如下。

第一章　总则

第一条　为了对基本农田实行特殊保护，促进农业生产和社会经济的可持续发展，根据《中华人民共和国农业法》和《中华人民共和国土地管理法》，制定本条例。

第二条 国家实行基本农田保护制度。

本条例所称基本农田,是指按照一定时期人口和社会经济发展对农产品的需求,依据土地利用总体规划确定的不得占用的耕地。

本条例所称基本农田保护区,是指为对基本农田实行特殊保护而依据土地利用总体规划和依照法定程序确定的特定保护区域。

第三条 基本农田保护实行全面规划、合理利用、用养结合、严格保护的方针。

第二章 划定

第八条 各级人民政府在编制土地利用总体规划时,应当将基本农田保护作为规划的一项内容,明确基本农田保护的布局安排、数量指标和质量要求。

县级和乡(镇)土地利用总体规划应当确定基本农田保护区。

第九条 省、自治区、直辖市划定的基本农田应当占本行政区域内耕地总面积的 80% 以上,具体数量指标根据全国土地利用总体规划逐级分解下达。

第十条 下列耕地应当划入基本农田保护区,严格管理:

(一)经国务院有关主管部门或者县级以上地方人民政府批准确定的粮、棉、油生产基地内的耕地;

(二)有良好的水利与水土保持设施的耕地,正在实施改造计划以及可以改造的中、低产田;

(三)蔬菜生产基地;

(四)农业科研、教学试验田。

根据土地利用总体规划,铁路、公路等交通沿线,城市和村庄、集镇建设用地区周边的耕地,应当优先划入基本农田保护区;需要退耕还林、还牧、还湖的耕地,不应当划入基本农田保护区。

6.2.3 国土空间规划法规体系

2019 年 5 月 9 日,《中共中央 国务院关于建立国土空间规划体系并监督实施的若干意见》发布,其主要内容如下。

1. 导言

国土空间规划是国家空间发展的指南、可持续发展的空间蓝图,是各类开发保护建设活动的基本依据。建立国土空间规划体系并监督实施,将主体功能区规划、土地利用规划、城乡规划等空间规划融合为统一的国土空间规划,实现"多规合一",强化国土空间规划对各专项规划的指导约束作用,是党中央、国务院作出的重大部署。

2. 总体框架

1)分级、分类建立国土空间规划

国土空间规划是对一定区域国土空间开发保护在空间和时间上作出的安排,包括总体规划、详细规划和相关专项规划。国家、省、市县编制国土空间总体规划,各地结合实际编制乡镇国土空间规划。相关专项规划是指在特定区域(流域)、特定领域,为体现特定功能,对空间开发保护利用作出的专门安排,是涉及空间利用的专项规划。国土空间总体规划是详细规划的依据、相关专项规划的基础;相关专项规划要相互协同,并与详细规划做好衔接。

2)明确各级国土空间总体规划编制重点

全国国土空间规划是对全国国土空间作出的全局安排,是全国国土空间保护、开发、利用、修复的政策和总纲,侧重战略性,由自然资源部会同相关部门组织编制,由党中央、国务院审定后印发。省级国土空间规划是对全国国土空间规划的落实,指导市县国土空间规划编制,侧重协调性,由省级政府组织编制,经同级人大常委会审议后报国务院审批。市县和乡镇国土空间规划是本级政府对上级国土空间规划要求的细化落实,是对本行政区域开发保护作出的具体安排,侧重实施性。需报国务院审批的城市国土空间总体规划,由市政府组织编制,经同级人大常委会审议后,由省级政府报国务院审批;其他市县及乡镇国土空间规划由省级政府根据当地实际,明确规划编制审批内容和程序要求。各地可因地制宜,将市县与乡镇国土空间规划合并编制,也可以几个乡镇为单元编制乡镇级国土空间规划。

3)强化对专项规划的指导约束作用

海岸带、自然保护地等专项规划及跨行政区域或流域的国土空间规划,由所在区域或上一级自然资源主管部门牵头组织编制,报同级政府审批;涉及空间利用的某一领域专项规划,如交通、能源、水利、农业、信息、市政等基础设施,公共服务设施,军事设施,以及生态环境保护、文物保护、林业草原等专项规划,由相关主管部门组织编制。相关专项规划可在国家、省和市县层级编制,不同层级、不同地区的专项规划可结合实际选择编制的类型和精度。

4）在市县及以下编制详细规划

详细规划是对具体地块用途和开发建设强度等作出的实施性安排,是开展国土空间开发保护活动、实施国土空间用途管制、核发城乡建设项目规划许可、进行各项建设等的法定依据。在城镇开发边界内的详细规划,由市县自然资源主管部门组织编制,报同级政府审批;在城镇开发边界外的乡村地区,以一个或几个行政村为单元,由乡镇政府组织编制"多规合一"的实用性村庄规划,作为详细规划,报上一级政府审批。

3. 编制要求

1）体现战略性

全面落实党中央、国务院重大决策部署,体现国家意志和国家发展规划的战略性,自上而下编制各级国土空间规划,对空间发展作出战略性、系统性安排。落实国家安全战略、区域协调发展战略和主体功能区战略,明确空间发展目标,优化城镇化格局、农业生产格局、生态保护格局,确定空间发展策略,转变国土空间开发保护方式,提升国土空间开发保护质量和效率。

2）提高科学性

坚持生态优先、绿色发展,尊重自然规律、经济规律、社会规律和城乡发展规律,因地制宜开展规划编制工作;坚持节约优先、保护优先、自然恢复为主的方针,在资源环境承载能力和国土空间开发适宜性评价的基础上,科学有序统筹布局生态、农业、城镇等功能空间,划定生态保护红线、永久基本农田、城镇开发边界等空间管控边界以及各类海域保护线,强化底线约束,为可持续发展预留空间。坚持山水林田湖草生命共同体理念,加强生态环境分区管治,量水而行,保护生态屏障,构建生态廊道和生态网络,推进生态系统保护和修复,依法开展环境影响评价。坚持陆海统筹、区域协调、城乡融合,优化国土空间结构和布局,统筹地上地下空间综合利用,着力完善交通、水利等基础设施和公共服务设施,延续历史文脉,加强风貌管控,突出地域特色。坚持上下结合、社会协同,完善公众参与制度,发挥不同领域专家的作用。运用城市设计、乡村营造、大数据等手段,改进规划方法,提高规划编制水平。

3）加强协调性

强化国家发展规划的统领作用,强化国土空间规划的基础作用。国土空间总体规划要统筹和综合平衡各相关专项领域的空间需求。详细规划要依据批准的国土空间总体规划进行编制和修改。相关专项规划要遵循国土空间总体规划,不得违背总体规划强制性内容,其主要内容要纳入详细规划。

4)注重操作性

按照谁组织编制、谁负责实施的原则,明确各级、各类国土空间规划编制和管理的要点。明确规划约束性指标和刚性管控要求,同时提出指导性要求。制定实施规划的政策措施,提出下级国土空间总体规划和相关专项规划、详细规划的分解落实要求,健全规划实施传导机制,确保规划能用、管用、好用。

6.3　环保相关法律法规

伴随社会生活水平的不断提高,人们更加追求绿色、有机的农产品,这对农业生态环境提出了更高的要求。

在中国加快法治化进程过程中,公民的法治意识不断提高,日益习惯用法治的视角看待生态环境治理,使用法律的武器解决各类生态环境问题。

从古至今,人类对于美好自然环境的向往与追求从未改变,但近代的工业化、城镇化却给生态环境带来了危机。农业生态环境面临着病虫鼠害、化肥滥用、水土流失、土壤肥力下降等问题(图 6-13),使得人们更加关注和重视环境保护法,以期国家为生态环境的治理提供法制保障。

图 6-13　农业生态环境面临的问题

快速粗放的经济增长和城镇化发展导致了严重的不可持续发展问题,环境质量恶化趋势加剧(图 6-14),突发环境事件集中爆发,环境群体性事件不断发生。

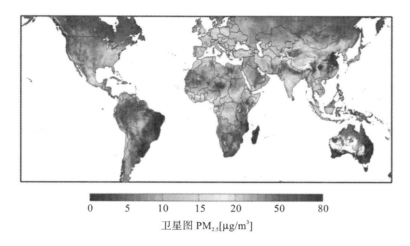

卫星图 PM$_{2.5}$[μg/m^3]

图 6-14 区域复合型大气污染问题日益突出

《中华人民共和国环境保护法》(图 6-15)是为保护和改善环境,防治污染和其他公害,保障公众健康,推进生态文明建设,促进经济社会可持续发展而制定的法律,被称为"史上最严厉环保法"。

图 6-15 《中华人民共和国环境保护法》

6.3.1 《中华人民共和国环境保护法》

《中华人民共和国环境保护法》是我国环境保护事业的基础法律,其核心任务之一是为协调各部门行动提供基础和基准点。

建立和完善国家环保行政体制,是《中华人民共和国环境保护法》的特殊功能和使命之一。

1. 涉及内容

中国的环境保护法强化政府主体责任,为解决农业生态环境问题保驾护航。农业生态环境问题覆盖的领域多元,渗透到农业的方方面面,不仅包括对农作物、中草药、树木、家禽、养殖鱼等的治理,还包括对耕地、森林、水源等生态资源的改善,因此十分需要各级政府及各相关主管部门的协作。

与环境保护相关的法律有《中华人民共和国海洋环境保护法》《中华人民共和国清洁生产促进法》《中华人民共和国循环经济促进法》《中华人民共和国环境影响评价法》《中华人民共和国大气污染防治法》《中华人民共和国水污染防治法》《中华人民共和国环境噪声污染防治法》《中华人民共和国固体废物污染环境防治法》《中华人民共和国放射性污染防治法》。

2. 编制过程

《中华人民共和国环境保护法》于 1989 年 12 月 26 日第七届全国人民代表大会常务委员会第十一次会议通过,自公布之日起施行。

2014 年 4 月 24 日第十二届全国人民代表大会常务委员会第八次会议修订了《中华人民共和国环境保护法》,自 2015 年 1 月 1 日起施行。

2014 年版《中华人民共和国环境保护法》加强了对环境执法力度的有效措施,强化了对重点污染源的监督与治理,指出了环境监察部门具有"现场调查权",解决了以往环境监察部门权力不明确的问题,提高了环境执法的独立性和权威性,增加了对环境执法的刚性要求。2014 年版《中华人民共和国环境保护法》对企业的违法行为采取按日计罚的策略,并对企业非法排污设备进行查封与扣押,对于造成严重社会问题的企业可进行限制生产和停业整顿,使得《中华人民共和国环境保护法》的威慑性更大。

3. 特点

2014 年版《中华人民共和国环境保护法》的特点是创新范围大、变革力度大、措施严厉。

4. 2014 年版《中华人民共和国环境保护法》主要变化

1)条文结构

条文结构由六章变为七章,由四十七条增至七十条。

基本理念作出重大调整,突出强调政府监督责任和法律责任,创新完善环境管理基本制度(图 6-16),极大地加强了惩处力度。

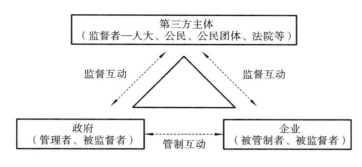

图 6-16　环境管理基本制度

2）具体措施

（1）生态保护红线制度

生态保护红线制度是 2014 年版《中华人民共和国环境保护法》的重大突破，是创新性环境政策。习近平总书记提出"既要金山银山，也要绿水青山"，在特殊保护区域则是"宁要绿水青山，不要金山银山"。

2014 年版《中华人民共和国环境保护法》第二十九条规定：国家在重点生态功能区、生态环境敏感区和脆弱区等区域划定生态保护红线，实行严格保护。

（2）完善环境管理制度

新增制度：总量控制制度、许可证制度、区域限批制度、环境信息公开制度、环境监测制度、公益诉讼制度、公众参与制度、问责制度。

对责任人问责制：划定生态红线、政府与环保部门问责、环境目标责任与考核、推动农村环境整治、建立区域联防、加大环保财政投入。

（3）立法理念

基本立法理念：保护优先、生态红线、以人为本、保护公众健康。

加强执法权：移送司法机关（拘留或逮捕），建立企业诚信档案，公布违法者名单，查封、扣押，责令减产、停产。

（4）明确企业污染治理的主体责任

污染防治责任：减少污染物排放、环境监测、环境保护责任制度、禁止非法排污。

达标排放：排污许可证、落实总量控制。

淘汰制度：不得生产、销售、转移、使用严重污染环境的工艺、设备和产品。

连带责任：评价机构、检测机构、防污设施运维机构因弄虚作假，对环境污染损害负有责任的，承担连带责任。

损害担责:造成污染的企业要对其造成的污染承担赔偿责任。

（5）明确公众参与、监督权力

公众参与、监督权力包括公众信息获得权、环境保护参与权、环境保护监督权、举报权。

（6）确立公益诉讼制度,扩大诉讼主体资格范围

依法在设区的市级以上人民政府民政部门登记、专门从事环境保护公益活动连续五年以上且无违法记录的社会组织可以向人民法院提起诉讼。

（7）加大处罚力度

加大处罚力度的措施包括按日计罚、实行双罚制、行政拘留、负刑事责任。

案例一:临沂市生态环境局按日连续计罚案

2022年1月初,山东省临沂市生态环境局发现华龙热电有限公司外排废气二氧化硫超标。2022年1月9日,临沂市生态环境局向华龙热电有限公司送达责令整改违法行为的决定书,责令其立即改正违法行为,并作出处罚10万元的决定。

2022年1月19日,临沂市生态环境局对华龙热电有限公司进行复查。经检测,华龙热电有限公司外排废气二氧化硫依旧超标。于是,临沂市生态环境局对华龙热电有限公司实施按日连续处罚,时间为2022年1月10日至2022年1月19日,基数10万元,持续违法10天,每日罚款数额为10万元,按日连续处罚总计罚款数额为100万元。

案例二:天津宋某等6人非法倾倒危险废物案

2013年3月起,宋某、李某、赵某、杨某等6人多次将某化工产品经销公司的废酸运输至205国道北侧明渠进行倾倒,共计2000余吨,造成渠内水体污染,污染修复费用预计600万元以上。2013年12月31日,天津市某区法院一审宣判,宋某等6人行为构成污染环境罪,分别处3～6年不等的有期徒刑,并处5万～100万元不等的罚金。

案例三:张家港市环境保护局查封企业暗管排污设备案

2015年1月21日,江苏省张家港市环境保护局接到群众举报,反映江苏中鼎化

学有限公司违法排污行为。经现场检查发现,该公司存在私设暗管偷排废水现象。

查明相关情况后,张家港市环境保护局决定从 2015 年 1 月 27 日至 2015 年 2 月 15 日对该公司产生污染的生产设备实施查封,分别查封了车间配电柜、加热炉的炉门、管道的阀门。

除了实施查封扣押,张家港市环境保护局还按相关法律规定对江苏中鼎化学有限公司实施行政处罚。

案例四:中国生物多样性保护与绿色发展基金会诉秦皇岛方圆包装玻璃有限公司大气污染责任民事公益诉讼案

2015 年 12 月至 2016 年 4 月,秦皇岛方圆包装玻璃有限公司(以下简称"方圆公司")因未取得排污许可证,玻璃窑炉超标排放二氧化硫、氮氧化物等大气污染物并拒不改正等行为,被河北省秦皇岛市海港区环境保护局分 4 次罚款共计 1289 万元。中国生物多样性保护与绿色发展基金会提起诉讼后,方圆公司缴纳行政罚款共计 1281 万元。随后,方圆公司加快脱硝脱硫除尘改造提升进程,通过环保验收并取得排污许可证。环境保护部环境规划院环境风险与损害鉴定评估研究中心接受一审法院委托,按照虚拟治理成本法,将方圆公司自行政处罚认定损害发生之日至环保达标之日造成的环境损害数额评估为 154.96 万元。

【裁判结果】　河北省秦皇岛市中级人民法院一审判决方圆公司赔偿损失 154.96 万元,分 3 期支付至秦皇岛市专项资金账户,用于该地区的环境修复;在全国性媒体上刊登致歉声明;向中国生物多样性保护与绿色发展基金会支付因本案支出的合理费用 3 万元。

【典型意义】　本案系京津冀地区受理的首例大气污染公益诉讼案。本案受理后,方圆公司积极缴纳行政罚款,主动升级改造环保设施,成为该地区首家实现大气污染治理环保设备"开二备一"的企业,实现了环境民事公益诉讼的预防和修复功能,同时还起到了推动企业积极承担生态环境保护社会责任以及采用绿色生产方式的作用,具有良好的社会导向。

6.3.2　《中华人民共和国环境影响评价法》

《中华人民共和国环境影响评价法》是为了实施可持续发展战略,预防因规划和建设项目实施后对环境造成不良影响,促进经济、社会和环境的协调发展而制定的法律。该法由第九届全国人民代表大会常务委员会第三十次会议于 2002 年 10 月 28 日修订通过,自 2003 年 9 月 1 日起施行。这是我国为环境影响评价制度的内容和程序而专门制定的重要法律,标志着环境影响评价制度在我国日臻成熟。其中的"第二章规划的环境影响评价"与城市规划有着直接的联系。

1. 我国环境情况的特殊性

第一,经济发展引起的环境问题呈爆炸性状态,引起的原因有经济增长方式、规划布局、能源结构等。

第二,经济利益与环境利益冲突的特殊性,主要由十五、十一五、十二五期间的环境欠账引起,即以牺牲环境为代价换取经济的发展。例如,凤翔儿童铅中毒事件、浏阳市镉污染事件等。

第三,财产权引发的环境问题特殊性,如资源国有、产权不清等问题。

第四,保护生态环境的经济手段受到抑制,如国有资源有偿使用(如煤炭资源的开发与生态破坏问题)、排污权交易市场化问题。

第五,社会人文因素的特殊性。一是我国人口众多,环境资源压力大;二是公众环境意识水平参差不齐;三是环境问题与贫困等其他社会问题交叉、重叠,有形成恶性循环的趋势。

2. 概念

环境影响评价指对规划和建设项目实施后可能造成的环境影响进行分析、预测和评估,提出预防或者减轻不良环境影响的对策和措施,进行跟踪监测的方法与制度。

环境影响评价制度指有关环境影响评价的适用范围、评价内容、审批程序、法律后果等一系列规定的总称。

环境影响评价制度是以贯彻预防为主原则,从源头防止新的环境污染和生态破坏的一项重要的法律制度。

环境影响评价一般认为是 1964 年在加拿大召开的一次国际环境质量评价会议上由美国的柯德威尔教授提出的。

环境影响评价制度最早见于美国 1969 年公布的《国家环境政策法》,其成为各国环境影响评价立法的蓝本。

在西方发达国家,环境影响评价的范围不断扩大,制度不断完善。例如,20 世纪 70 年代中期,一些发达国家将环境影响评价的应用扩展到规划层次;20 世纪 80 年代初期,一些国家又将环境影响评价提高到政策层次。

3. 特点

1) 综合性

环境影响评价不仅要对周围各个环境因素可能造成的环境影响进行全面调查、分析和评价,而且还要对区域环境的总体影响进行系统分析和评价。

2) 预测性

环境影响评价和环境质量现状评价不同,是对规划或者建设项目实施后可能造成的环境影响进行调查分析、预测和评估,并提出相应的对策和措施,从而做到防患于未然。

3) 客观性

环境影响评价的结论必须是客观真实的,它只对规划和建设项目活动造成的各个环境要素的影响以及区域环境的总体影响进行客观分析和科学评价。

4) 强制性

在规划编制过程中和建设项目立项之前必须进行环境影响评价。

未编写有关环境影响的篇章或者说明的规划草案和专项规划未附送环境影响报告书的,审批机关不予审批。

4. 评价形式

由各级生态环境主管部门确定待评价的开发建设项目是编制环境影响报告书还是填写环境影响报告表,确定的主要标准如下:

①大中型开发建设项目编制环境影响报告书(对环境影响较小的大中型开发建设项目也可以只填写环境影响报告表);

②小型开发建设项目应填写环境影响报告表(对环境影响较大的小型开发建设项目也须编制环境影响报告书)。

5. 评价报告编写

编制环境影响报告书和填写环境影响报告表的程序应在建设项目可行性研究阶段完成。

编写环境影响报告书的项目,由建设单位负责开发建设项目环境影响评价的立项和筹备工作,并委托有评价资格的评价单位承担评价工作。

接受委托为建设项目环境影响评价提供技术服务的机构,应当是经国务院生态环境主管部门考核合格获得资质证书的机构,且应按照资质证书规定的等级和评价范围,从事环境影响评价服务。

6. 公共参与及报告审批

除国家规定需要保密的情形外,对环境可能造成重大影响的建设项目,建设单位应当在报批环境影响报告书前举行论证会、听证会,或者采取其他形式征求有关单位、专家和公众的意见。

环境影响报告书完成后,应先由建设单位建设项目主管部门进行预审查,然后由有审批权的生态环境主管部门审批。

案例:2005 年环境影响评价"风暴"

2005 年 1 月 18 日,国家环境保护总局对外宣布,金沙江溪洛渡水电站(2002 年 9 月国务院批准立项)、三峡地下电站、三峡工程电源电站等 30 个大型建设项目因环境影响评价不合格被责令立即停建。

每个被曝光停建的项目投资额都过亿元,有的甚至投资上百亿元(被叫停的 30 个项目总投资额超过 1000 亿元),但都是在环境影响报告书未获批准的情况下就已开工建设,甚至有些工程已基本完成,属于典型的未批先建的违法工程,严重违反了《中华人民共和国环境影响评价法》等有关法律法规。

这些项目包括 26 家水电站、火电站和电力工程,属可能对大气环境和生态造成相当破坏的项目。

7. 评价类型

我国现行的环境影响评价有规划环境影响评价、建设项目环境影响评价和后评价三种。其中规划环境影响评价的类型和范围如下。

1)规划环境影响评价的类型

(1)综合性规划环境影响评价

在规划编写过程中组织进行环境影响评价,编写该规划有关环境影响的篇章或者说明,作为规划草案的组成部分一并报送规划审批机关。

（2）专项规划环境影响评价

在专项规划草案上报审批前，组织进行环境影响评价，并向审批该专项规划的机关提交环境影响报告书；专项规划中的指导性规划，按照综合性规划环境影响评价的规定进行环境影响评价。

2）规划环境影响评价的范围

《中华人民共和国环境影响评价法》只规定对"一地""三域""十个专项"的规划组织进行环境影响评价。

①一地：土地利用规划。

②三域：区域、流域、海域的建设、开发利用规划。

③十个专项：工业、农业、畜牧业、林业、能源、水利、交通、城市建设、旅游、自然资源开发的有关专项规划。

规划环境影响评价的具体范围由国务院生态环境主管部门会同国务院有关部门规定，报国务院批准。《规划环境影响评价条例》于 2009 年 10 月 1 日起施行。

8. 《中华人民共和国环境影响评价法》的效力及责任

经批准的环境影响评价文件具有行政审批的法律效力。

对于未履行环境影响评价或环境影响评价未获批准的建设项目，建设单位不得开工建设。

对于环境影响报告书（表）未经批准的开发建设项目，计划部门不办理设计任务书的审批手续，土地管理部门不办理征地手续，银行不予贷款，有关部门不得办理施工执照，物资部门不得供应材料、设备。

环境影响报告书（表）未经批准就擅自施工的，除责令其停工，补办审批手续外，对建设单位及其单位负责人处以罚款。

建设项目的环境影响评价经批准后，如建设项目的性质、规模、地点、采用的生产工艺或者防治污染、防止生态破坏的措施发生重大变动，建设单位应当重新报批环境影响评价文件。

《中华人民共和国环境影响评价法》还专章规定了违反该法所应承担的行政责任和刑事责任。

承担法律责任的主体包括规划编制机关、规划审批机关、建设单位及其单位负责人、建设项目审批单位、环境影响评价机构、环境影响评价审批机关和主管机关。

9. 环境影响评价文件的形式和内容

依照《中华人民共和国环境影响评价法》的规定,环境影响评价文件主要有以下几种。

1）综合性规划的有关环境影响的篇章或者说明

对规划实施后可能造成的环境影响作出分析、预测和评估,提出预防或者减轻不良环境影响的对策和措施。

2）专项规划的环境影响报告书

①实施该规划对环境可能造成影响的分析、预测和评估;

②预防或者减轻不良环境影响的对策和措施;

③环境影响评价的结论。

3）建设项目的环境影响报告书（表）和环境影响登记表

建设项目的环境影响报告书（表）和环境影响登记表主要包括:建设项目概况;建设项目周围环境现状;对环境可能造成影响的分析、预测和评估;建设项目环境保护措施及其技术、经济论证;建设项目对环境影响的经济损益分析;对建设项目实施环境监测的建议;环境影响评价结论。

涉及水土保持的建设项目,还必须有经水行政主管部门审查同意的水土保持方案。

建设项目环境影响报告表和环境影响登记表的内容和格式,由国务院生态环境主管部门制定。

10. "三同时"制度

"三同时"制度贯穿建设项目的全过程（设计、施工和投入使用三个阶段）,且对不同阶段提出了特定的管理要求。

1）设计阶段

设计阶段应按环境保护设计规范的要求,编制环境保护篇章,主要内容如下:

①环境保护的设计依据;

②主要污染源和主要污染物及排放方式;

③计划采用的环境标准;

④环境保护设施及简要工艺流程;

⑤对建设项目引起的生态变化所采取的防范措施;

⑥绿化设计；

⑦环境保护设施投资概算等。

2）施工阶段

环境保护设施必须与主体工程同时施工。

在施工过程中，应当保护施工现场周围的环境，防止对自然环境的破坏，或者减轻粉尘、噪声、震动等对周围生活居住区的污染和危害，并接受生态环境主管部门的日常监督检查。

3）试运行

建设项目的主体工程完工后，需要进行试生产的，其配套建设的环境保护设施必须与主体工程同时投入试运行。

在试生产期间，建设单位应当对环境保护设施运行情况和建设项目对环境的影响进行监测。

4）同时验收

建设项目竣工后，建设单位应当向审批该项目环境影响评价文件的生态环境主管部门申请该项目的环境保护设施竣工验收，并应与主体工程竣工验收同时进行。

5）分期验收

分期建设、分期投入生产或使用的建设项目，其相应的环境保护设施应分期验收。

建设项目的环境保护设施验收合格后，该建设项目方可正式投入生产或者使用。

"三同时"制度最初只适用于新建、改建和扩建项目，后来适用范围不断扩大，现已由污染防治扩展到生态破坏防治方面，包括：

①新建、改建、扩建项目；

②技术改造项目；

③一切可能对环境造成污染或者破坏的开发建设项目；

④确有经济效益的综合利用项目。

案例："中国长寿之乡"缘何变成"癌症村"？

2011 年 11 月 17 日《新京报》报道："中国长寿之乡"山东省莱州市部分化工企业因环境保护设施不到位，致使相关排放物对周边村庄村民生产生活造成较大影响。

日益严重的化工污染使当地部分村庄成为"癌症村"（3年内因患上癌症死亡的人数达30多人），众多癌症患者用生命警示着莱州湾南岸生态环境的恶化。

当地环境保护局等部门联合执法，下达整改通知书，勒令相关企业停产并限期整改。

6.4 农业相关法律法规

6.4.1 农业和"三农"问题

农业作为第一产业，是国家的支柱产业之一，乃国之根本。

2023年国内生产总值为1260582亿元人民币，按照产业划分，第一产业（广义的农业）增加值为89755亿元人民币，占比7.1%；第二产业（广义的工业）增加值为482589亿元人民币，占比38.3%；第三产业（广义的服务业）增加值为688238亿元人民币，占比54.6%。

从全国范围看，中国的气候、土地、水和生物资源分别具有以下一些特点。

①光、热条件优越，但干湿状况的地区差异大。中国南北相距5500多千米，跨近50个纬度，土地资源的绝对量大，人均占有的相对量少。中国人均占有的各类土地资源数量显著低于世界平均水平。中国人均耕地面积约1000平方米，为世界平均值3000平方米的1/3，是人均占有耕地最少的国家之一。中国人均林地面积约1200平方米，森林覆盖率为12.7%，而世界平均值分别约为9000平方米和31.3%。中国人均草地面积3300多平方米，也只为世界平均值6900多平方米的一半不到。

②河川径流总量大，但水土配合不协调。水资源的地区分布很不均匀。全国有相当大的地区易受洪、涝、旱、渍等自然灾害的侵扰。

③生物种属繁多，群落类型丰富多样。

6.4.2 政策文件

2015年2月1日，中共中央、国务院印发《关于加大改革创新力度加快农业现代化建设的若干意见》。这是自2004年以来，中央一号文件连续第12次聚焦"三农"，意义重大。

2016 年 1 月 27 日,《中共中央　国务院关于落实发展新理念加快农业现代化实现全面小康目标的若干意见》发布。这是改革开放以来第 18 份以"三农"为主题的一号文件,也是自 2004 年以来中央一号文件连续第 13 次聚焦"三农"。

2019 年 1 月 3 日,《中共中央　国务院关于坚持农业农村优先发展做好"三农"工作的若干意见》发布。

2020 年 7 月,中央农村工作领导小组办公室、农业农村部、国家发展和改革委员会、财政部、中国人民银行、中国银行保险监督管理委员会、中国证券监督管理委员会联合印发《关于扩大农业农村有效投资　加快补上"三农"领域突出短板的意见》。

2021 年 2 月 21 日,《中共中央　国务院关于全面推进乡村振兴加快农业农村现代化的意见》发布,即 2021 年中央一号文件发布。这是 21 世纪以来第 18 个指导"三农"工作的中央一号文件。该文件指出,民族要复兴,乡村必振兴。要坚持把解决好"三农"问题作为全党工作重中之重,把全面推进乡村振兴作为实现中华民族伟大复兴的一项重大任务,举全党全社会之力加快农业农村现代化,让广大农民过上更加美好的生活。

2022 年 2 月 22 日,《中共中央　国务院关于做好 2022 年全面推进乡村振兴重点工作的意见》正式发布。这是 21 世纪以来第 19 个指导"三农"工作的中央一号文件。该文件提出,推动乡村振兴取得新进展,农业农村现代化迈出新步伐。牢牢守住保障国家粮食安全和不发生规模性返贫两条底线,突出年度性任务、针对性举措、实效性导向,充分发挥农村基层党组织领导作用,扎实有序做好乡村发展、乡村建设、乡村治理重点工作。

6.4.3　《中华人民共和国农业法》

《中华人民共和国农业法》(图 6-17)于 1993 年 7 月 2 日第八届全国人民代表大会常务委员会第二次会议通过,自公布之日起施行。

2002 年 12 月 28 日,第九届全国人民代表大会常务委员会第三十一次会议修订了《中华人民共和国农业法》,自 2003 年 3 月 1 日起施行。

2009 年 8 月 27 日,第十一届全国人民代表大会常务委员会第十次会议第一次修正《中华人民共和国农业法》,自发布之日起施行。

2012 年 12 月 28 日,第十一届全国人民代表大会常务委员会第三十次会议第二次修正了《中华人民共和国农业法》,自 2013 年 1 月 1 日起施行。

目录

图 6-17　《中华人民共和国农业法》示例

《中华人民共和国农业法》部分内容如下。

第二条　本法所称农业,是指种植业、林业、畜牧业和渔业等产业,包括与其直接相关的产前、产中、产后服务。

本法所称农业生产经营组织,是指农村集体经济组织、农民专业合作经济组织、农业企业和其他从事农业生产经营的组织。

第三条　国家把农业放在发展国民经济的首位。

第五条　国家坚持和完善公有制为主体、多种所有制经济共同发展的基本经济制度,振兴农村经济。

第十条　国家实行农村土地承包经营制度,依法保障农村土地承包关系的长期稳定,保护农民对承包土地的使用权。

第十二条　农民和农业生产经营组织可以自愿按照民主管理、按劳分配和按股分红相结合的原则,以资金、技术、实物等入股,依法兴办各类企业。

第十五条　县级以上人民政府根据国民经济和社会发展的中长期规划、农业和农村经济发展的基本目标和农业资源区划,制定农业发展规划。

第二十六条　农产品的购销实行市场调节。国家对关系国计民生的重要农产品的购销活动实行必要的宏观调控,建立中央和地方分级储备调节制度,完善仓储运输体系,做到保证供应,稳定市场。

第三十一条　国家采取措施保护和提高粮食综合生产能力,稳步提高粮食生产水平,保障粮食安全。

国家建立耕地保护制度,对基本农田依法实行特殊保护。

第四十八条　国务院和省级人民政府应当制定农业科技、农业教育发展规划,发展农业科技、教育事业。

第七十一条　国家依法征收农民集体所有的土地,应当保护农民和农村集体经济组织的合法权益,依法给予农民和农村集体经济组织征地补偿,任何单位和个人不得截留、挪用征地补偿费用。

第七十九条　国家坚持城乡协调发展的方针,扶持农村第二、第三产业发展,调整和优化农村经济结构,增加农民收入,促进农村经济全面发展,逐步缩小城乡差别。

第八十六条　中央和省级财政应当把扶贫开发投入列入年度财政预算,并逐年增加,加大对贫困地区的财政转移支付和建设资金投入。

6.5　林草相关法律法规

6.5.1　《中华人民共和国森林法》

《中华人民共和国森林法》于 1984 年 9 月 20 日第六届全国人民代表大会常务委员会第七次会议通过,1985 年 1 月 1 日正式施行。

1998 年 4 月 29 日第九届全国人民代表大会常务委员会第二次会议根据《关于修改〈中华人民共和国森林法〉的决定》,对《中华人民共和国森林法》进行了第一次修正。

2009 年 8 月 27 日第十一届全国人民代表大会常务委员会第十次会议根据《关于修改部分法律的决定》,对《中华人民共和国森林法》进行了第二次修正。

2019 年 12 月 28 日第十三届全国人民代表大会常务委员会第十五次会议对《中华人民共和国森林法》进行了修订。

2019 年《中华人民共和国森林法》修订的内容主要体现在以下方面。

1. 践行绿水青山就是金山银山理念

在此次修订中，第一条明确规定了"践行绿水青山就是金山银山理念，保护、培育和合理利用森林资源，加快国土绿化，保障森林生态安全，建设生态文明，实现人与自然和谐共生"。本条修改之处是：一是增加了"践行绿水青山就是金山银山理念"；二是将"适应社会主义建设和人民生活需要"修改为"保障森林生态安全，建设生态文明，实现人与自然和谐共生"；三是将"发挥森林蓄水保土、调节气候、改善环境和提供林产品的作用"调整到第四章第二十八条并作了修改。

2. 森林分类经营管理

我国森林分类经营管理的实践已经有 20 多年。早在 1995 年，国家体制改革委员会、林业部联合颁布的《林业经济体制改革总体纲要》中就提出"森林资源培育要按照森林的用途和生产经营目的划定公益林和商品林，实施分类经营，分类管理"。

2003 年，《中共中央 国务院关于加快林业发展的决定》发布，其明确提出实行林业分类经营管理体制，将全国林业区分为公益林业和商品林业两大类，分别采取不同的管理体制、经营机制和政策措施。为深入贯彻落实该决定的精神，在总结以往试点经验的基础上，2009 年国家林业局和财政部对《重点公益林区划界定办法》进行了修订，出台了《国家级公益林区划界定办法》。同时，为规范和加强对国家公益林的保护、经营和管理，国家林业局和财政部于 2013 年印发《国家级公益林管理办法》。2017 年，为进一步规范和加强国家级公益林区划界定和保护管理工作，针对新时期国家级公益林区划界定和保护管理中出现的新情况和新问题，国家林业局和财政部对《国家级公益林区划界定办法》和《国家级公益林管理办法》进行了修订。实行森林分类经营管理的实践取得了明显成效。

2019 年《中华人民共和国森林法》的修订，总结了多年来实行森林分类经营管理的实践经验，并将其作为法律规范予以稳定下来，为进一步巩固和完善森林分类经营管理提供了坚强的法治保障。

3. 加强产权保护

2019 年修订的《中华人民共和国森林法》增加了"森林权属"一章，明确森林权属,并对林地和林地上的森林、林木的所有权及使用权进行统一登记,核发证书(图 6-18),保护所有者和使用者的合法权益。结合我国农村承包经营制度改革的要求做了修改完善,进一步放活林地经营权、林木所有权和使用权,促进森林资源有效保护和合理利用。同时,本次修订新增规定了由集体统一经营的林地、林木的权利以及流转,明确了集体统一经营林地的法律地位,规定了集体统一经营林地经营权、林木所有权和使用权的流转程序和方式,明确了集体林地经营权流转的要求,进一步规范了集体林地经营权流转,防止侵害农村集体经营组织及成员的合法权益。

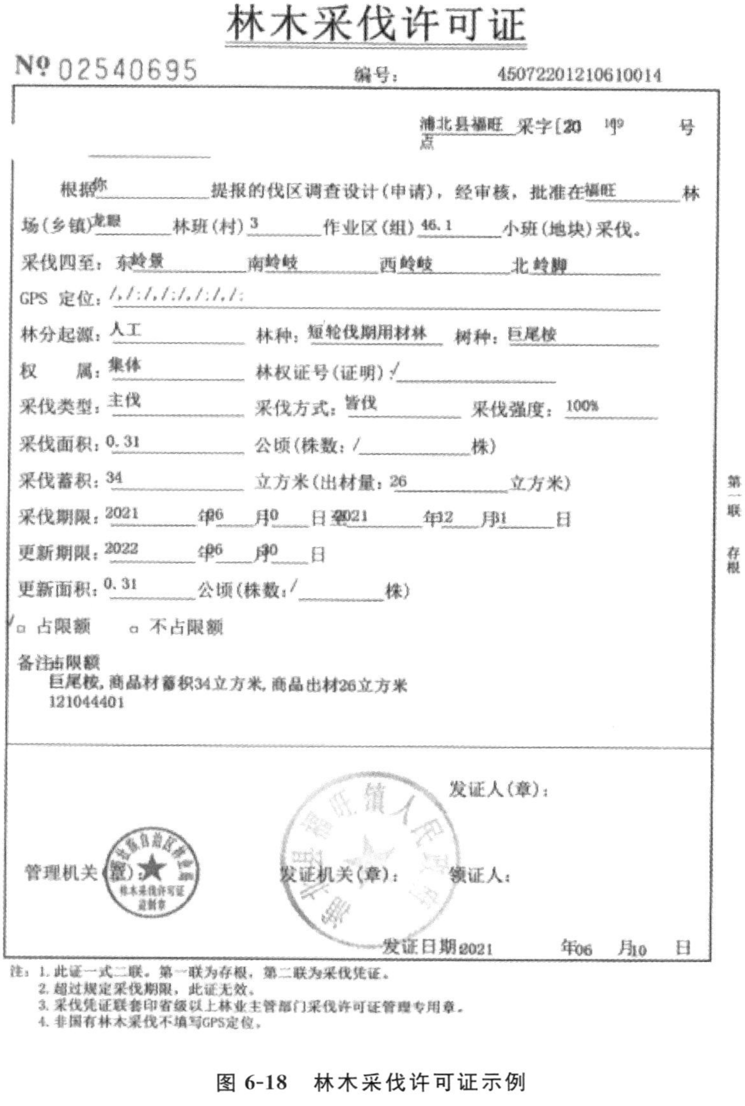
林木采伐许可证

№02540695 编号: 45072201210610014

浦北县福旺点 采字[20 19 号

根据你______提报的伐区调查设计(申请),经审核,批准在福旺______林场(乡镇)龙眼______林班(村)3______作业区(组)46.1______小班(地块)采伐。

采伐四至:东岭景______南岭岐______西岭岐______北岭脚______

GPS 定位: /,/:/,/:/,/:/,/:

林分起源:人工______林种:短轮伐期用材林______树种:巨尾桉______

权　　属:集体______林权证号(证明):/______

采伐类型:主伐______采伐方式:皆伐______采伐强度:100%______

采伐面积:0.31______公顷(株数:/______株)

采伐蓄积:34______立方米(出材量:26______立方米)

采伐期限:2021______年06______月10______日至2021______年12______月31______日

更新期限:2022______年06______月30______日

更新面积:0.31______公顷(株数:/______株)

√□ 占限额　□ 不占限额

备注:占限额

巨尾桉,商品材蓄积34立方米,商品出材26立方米

121044401

第一联 存根

发证人(章):

管理机关(章):　发证机关(章):　领证人:

发证日期2021 年06 月10 日

注:1. 此证一式二联。第一联为存根,第二联为采伐凭证。

2. 超过规定采伐期限,此证无效。

3. 采伐凭证联套印省级以上林业主管部门采伐许可证管理专用章。

4. 非国有林木采伐不填写GPS定位。

图 6-18 林木采伐许可证示例

4. 推进国土绿化,提高森林质量

县级以上人民政府应当将森林资源保护和林业发展纳入国民经济和社会发展规划。县级以上人民政府应当落实国土空间开发保护要求,合理规划森林资源保护利用结构和布局,制定森林资源保护发展目标,提高森林覆盖率、森林蓄积量,提升森林生态系统的质量和稳定性。

案例:盗伐林木毁生态

2021 年 3 月,仲兴年于江苏省沭阳县 7 处地点盗伐林木 444 棵,立木蓄积 122 余立方米。其中,在沭阳县林地保护利用规划范围内盗伐杨树合计 253 棵。沭阳县人民法院以盗伐林木罪判处仲兴年有期徒刑 7 年 6 个月,并处罚金 3 万元,追缴违法所得 2.4 万元。

2017 年 9 月 29 日,江苏省宿迁市宿城区人民检察院向沭阳县农业委员会发送检察建议,督促沭阳县农业委员会对仲兴年盗伐林木行为依法处理,确保受侵害林业生态得以恢复。

2018 年 3 月 27 日,沭阳县农业委员会在盗伐地点补植白蜡树苗 180 棵。

【典型意义】 这起案件明确了当事人因同一污染环境、破坏生态行为需承担刑事责任与行政责任时,行政机关不能以行为人已经受到刑事处罚为由,怠于对违法行为人追究行政责任,致使国家利益和社会公共利益受损害。

6.5.2 《中华人民共和国草原法》

《中华人民共和国草原法》是为了保护、建设和合理利用草原,改善生态环境,维护生物多样性,发展现代畜牧业,促进经济和社会的可持续发展而制定的法律,旨在通过科学规划、全面保护、重点建设和合理利用草原的措施,促进草原的可持续利用和生态、经济、社会的协调发展。

1. 科学规划

国家对草原保护、建设、利用实行统一规划制度。国务院草原行政主管部门会同国务院有关部门编制全国草原保护、建设、利用规划,报国务院批准后实施。县级以上地方人民政府草原行政主管部门会同同级有关部门依据上一级草原保护、建设、利用规划编制本行政区域的草原保护、建设、利用规划,报本级人民政府批准后实施。经批准的草原保护、建设、利用规划确需调整或者修改时,须经原批准机关批准。

编制草原保护、建设、利用规划,应当依据国民经济和社会发展规划并遵循下列原则:

①改善生态环境,维护生物多样性,促进草原的可持续利用;

②以现有草原为基础,因地制宜,统筹规划,分类指导;

③保护为主、加强建设、分批改良、合理利用;

④生态效益、经济效益、社会效益相结合。

2. 全面保护

国家实行基本草原保护制度。下列草原应当划为基本草原,实施严格管理:

①重要放牧场;

②割草地;

③用于畜牧业生产的人工草地、退耕还草地以及改良草地、草种基地;

④对调节气候、涵养水源、保持水土、防风固沙具有特殊作用的草原;

⑤作为国家重点保护野生动植物生存环境的草原;

⑥草原科研、教学试验基地;

⑦国务院规定应当划为基本草原的其他草原。

基本草原的保护管理办法,由国务院制定。

国务院草原行政主管部门或者省、自治区、直辖市人民政府可以按照自然保护区管理的有关规定在下列地区建立草原自然保护区:

①具有代表性的草原类型;

②珍稀濒危野生动植物分布区;

③具有重要生态功能和经济科研价值的草原。

县级以上人民政府应当依法加强对草原珍稀濒危野生植物和种质资源的保护、管理。国家对草原实行以草定畜、草畜平衡制度。县级以上地方人民政府草原行政主管部门应当按照国务院草原行政主管部门制定的草原载畜量标准,结合当地实际情况,定期核定草原载畜量。各级人民政府应当采取有效措施,防止超载过牧。禁止开垦草原。对水土流失严重、有沙化趋势、需要改善生态环境的已垦草原,应当有计划、有步骤地退耕还草;已造成沙化、盐碱化、石漠化的,应当限期治理。对严重退化、沙化、盐碱化、石漠化的草原和生态脆弱区的草原,实行禁牧、休牧制度。国家支持依法实行退耕还草和禁牧、休牧。具体办法由国务院或者省、自治区、直辖市人民政府制定。

3. 重点建设

县级以上人民政府应当增加草原建设的投入,支持草原建设。国家鼓励单位和个人投资建设草原,按照谁投资、谁受益的原则保护草原投资建设者的合法权益。国家鼓励与支持人工草地建设、天然草原改良和饲草饲料基地建设,稳定和提高草原生产能力。县级以上人民政府应当支持、鼓励和引导农牧民开展草原围栏、饲草饲料储备、牲畜圈舍、牧民定居点等生产生活设施的建设。县级以上地方人民政府应当支持草原水利设施建设,发展草原节水灌溉,改善人畜饮水条件。

4. 合理利用

草原承包经营者应当合理利用草原,不得超过草原行政主管部门核定的载畜量;草原承包经营者应当采取种植和储备饲草饲料、增加饲草饲料供应量、调剂处理牲畜、优化畜群结构、提高出栏率等措施,保持草畜平衡。草原载畜量标准和草畜平衡管理办法由国务院草原行政主管部门规定。牧区的草原承包经营者应当实行划区轮牧,合理配置畜群,均衡利用草原。国家提倡在农区、半农半牧区和有条件的牧区实行牲畜圈养。草原承包经营者应当按照饲养牲畜的种类和数量,调剂、储备饲草饲料,采用青贮和饲草饲料加工等新技术,逐步改变依赖天然草地放牧的生产方式。县级以上地方人民政府草原行政主管部门对割草场和野生草种基地应当规定合理的割草期、采种期以及留茬高度和采割强度,实行轮割轮采。遇到自然灾害等特殊情况,需要临时调剂使用草原的,按照自愿互利的原则,由双方协商解决;需要跨县临时调剂使用草原的,由有关县级人民政府或者共同的上级人民政府组织协商解决。

6.5.3 《中华人民共和国湿地保护法》

《中华人民共和国湿地保护法》是为了加强湿地保护、维护湿地生态功能及生物多样性、保障生态安全、促进生态文明建设、实现人与自然和谐共生而制定的法律。

1. 湿地保护立法的重要性和必要性

湿地保护立法是贯彻落实习近平总书记重要指示批示和党中央决策部署的重

要举措。党的十八大和十九大报告分别提出"扩大湿地面积,保护生物多样性,增强生态系统稳定性"和"强化湿地保护和恢复"。习近平总书记多次强调指出,要建立湿地保护修复制度,实行湿地面积总量管理,严格湿地用途管制,增强湿地生态功能,维护湿地生物多样性,为湿地保护立法指明了方向,提供了根本遵循。针对湿地保护进行立法,将习近平总书记重要指示批示和党中央决策部署落实落细,将党的主张通过法定程序转化为国家意志,为全社会强化湿地保护和修复提供法律遵循。

湿地保护立法是为强化湿地保护和修复提供法治保障的迫切需要。湿地是全球重要生态系统之一,具有涵养水源、净化水质、维护生物多样性、蓄洪防旱、调节气候和固碳等重要的生态功能,对维护我国生态、粮食和水资源安全具有重要作用。中共中央、国务院印发的《关于加快推进生态文明建设的意见》和《生态文明体制改革总体方案》均提出要制定湿地保护方面的法律法规。针对湿地保护进行立法,有利于从湿地生态系统的整体性和系统性出发,建立完整的湿地保护法律制度体系,为强化湿地的保护和修复提供法治保障。

湿地保护立法是坚持人民至上、回应社会期待的必然要求。人和自然是生命共同体。良好生态环境是最普惠的民生福祉。湿地保护立法也是多年来代表持续关注的重要议题,十届全国人大会议以来,陆续有代表提出湿地保护立法的相关议案和建议,这些议案表达了代表的意愿,也反映了人民的心声。湿地保护立法坚持生态优先的原则,坚持以人民为中心,坚持生态惠民、生态利民、生态为民,通过制度规范保护湿地生态环境,让湿地成为人民群众共享的绿色空间,满足人民日益增长的对优美生态环境的需要。

湿地保护立法是履行湿地公约的重要行动。经过 50 多年的发展,《关于特别是作为水禽栖息地的国际重要湿地公约》(以下简称《湿地公约》)已经从单纯的候鸟保护,转向湿地生态系统的全面保护,更加注重湿地生态系统及其多种功能的发挥。2021 年《湿地公约》缔约 50 周年,2022 年我国武汉市承办《湿地公约》第十四届缔约方大会。加快我国湿地保护立法进程,对于全面履行《湿地公约》,参与和引领国际湿地保护,彰显中国推进构建人类命运共同体的良好国际形象,具有重要的促进作用。

2. 指导思想和原则

湿地保护立法的指导思想:坚持以习近平新时代中国特色社会主义思想和习近

平生态文明思想、习近平法治思想为指导，贯彻落实党的十九大和十九届二中、三中、四中、五中全会精神，贯彻落实习近平总书记关于湿地保护的重要指示要求，坚持以人民为中心的发展思想，坚持山水林田湖草是生命共同体的理念，从维护湿地生态系统整体性出发，建立湿地保护修复制度，增强湿地生态功能，维护湿地生物多样性，保障生态安全，促进生态文明建设。

湿地保护立法的基本原则：一是坚持保护优先、系统治理、科学修复和合理利用，推动湿地的系统保护和可持续利用；二是坚持问题导向，注重解决湿地保护中存在的主要问题，妥善处理湿地保护中政府有关部门的相互关系，做好与相关法律的衔接，增强法律的针对性和可操作性；三是坚持政府主导、社会参与，充分发挥社会各界在湿地保护、修复工作中的作用；四是坚持立法的稳定性和创新性，吸收地方已被实践证明可行的做法，借鉴国际湿地立法的有关经验。

3. 主要内容

1）适用范围

在中华人民共和国领域及管辖的其他海域内从事湿地保护、利用、修复及相关管理活动，适用《中华人民共和国湿地保护法》。

2）湿地管理体制

国务院林业草原主管部门负责湿地资源的监督管理，负责湿地保护规划和相关国家标准拟定、湿地开发利用的监督管理、湿地生态保护修复工作。国务院自然资源、水行政、住房城乡建设、生态环境、农业农村等其他有关部门，按照职责分工承担湿地保护、修复、管理有关工作。国务院林业草原主管部门会同国务院自然资源、水行政、住房城乡建设、生态环境、农业农村等主管部门建立湿地保护协作和信息通报机制。县级以上地方人民政府应当加强湿地保护协调工作。县级以上地方人民政府有关部门按照职责分工负责湿地保护、修复、管理有关工作。

3）湿地分级管理和湿地名录制度

国家对湿地实行分级管理及名录制度。国家对湿地实行分级管理，按照生态区位、面积以及维护生态功能、生物多样性的重要程度，将湿地分为重要湿地和一般湿地。重要湿地包括国家重要湿地和省级重要湿地，重要湿地以外的湿地为一般湿地。重要湿地依法划入生态保护红线。

国务院林业草原主管部门会同国务院自然资源、水行政、住房城乡建设、生态环境、农业农村等有关部门发布国家重要湿地名录及范围,并设立保护标志。国际重要湿地应当列入国家重要湿地名录。省、自治区、直辖市人民政府或者其授权的部门负责发布省级重要湿地名录及范围,并向国务院林业草原主管部门备案。一般湿地的名录及范围由县级以上地方人民政府或者其授权的部门发布。红树林湿地应当列入重要湿地名录;符合国家重要湿地标准的,应当优先列入国家重要湿地名录。符合重要湿地标准的泥炭沼泽湿地,应当列入重要湿地名录。

4)湿地调查评价

国家建立湿地资源调查评价制度。国务院自然资源主管部门应当会同国务院林业草原等有关部门定期开展全国湿地资源调查评价工作,对湿地类型、分布、面积、生物多样性、保护与利用情况等进行调查,建立统一的信息发布和共享机制。国家实行湿地面积总量管控制度,将湿地面积总量管控目标纳入湿地保护目标责任制。国务院林业草原、自然资源主管部门会同国务院有关部门根据全国湿地资源状况、自然变化情况和湿地面积总量管控要求,确定全国和各省、自治区、直辖市湿地面积总量管控目标,报国务院批准。地方各级人民政府应当采取有效措施,落实湿地面积总量管控目标的要求。

5)湿地保护和修复

国家坚持生态优先、绿色发展,完善湿地保护制度,健全湿地保护政策支持和科技支撑机制,保障湿地生态功能和永续利用,实现生态效益、社会效益、经济效益相统一。省级以上人民政府及其有关部门根据湿地保护规划和湿地保护需要,依法将湿地纳入国家公园、自然保护区或者自然公园。地方各级人民政府及其有关部门应当采取措施,预防和控制人为活动对湿地及其生物多样性的不利影响,加强湿地污染防治,减缓人为因素和自然因素导致的湿地退化,维护湿地生态功能稳定。地方各级人民政府对省级重要湿地和一般湿地利用活动进行分类指导,鼓励单位和个人开展符合湿地保护要求的生态旅游、生态农业、生态教育、自然体验等活动,适度控制种植养殖等湿地利用规模。县级以上地方人民政府应当充分考虑保障重要湿地生态功能的需要,优化重要湿地周边产业布局。红树林湿地所在地县级以上地方人民政府应当组织编制红树林湿地保护专项规划,采取有效措施保护红树林湿地。泥炭沼泽湿地所在地县级以上地方人民政府应当制定泥炭沼泽湿地保护专项规划,采取有效措施保护泥炭沼泽湿地。

禁止下列破坏湿地及其生态功能的行为：

①开（围）垦、排干自然湿地，永久性截断自然湿地水源；

②擅自填埋自然湿地，擅自采砂、采矿、取土；

③排放不符合水污染物排放标准的工业废水、生活污水及其他污染湿地的废水、污水，倾倒、堆放、丢弃、遗撒固体废物；

④过度放牧或者滥采野生植物，过度捕捞或者灭绝式捕捞，过度施肥、投药、投放饵料等污染湿地的种植养殖行为；

⑤其他破坏湿地及其生态功能的行为。

县级以上人民政府应当坚持自然恢复为主、自然恢复和人工修复相结合的原则，加强湿地修复工作，恢复湿地面积，提高湿地生态系统质量。县级以上人民政府组织开展湿地保护与修复，应当充分考虑水资源禀赋条件和承载能力，合理配置水资源，保障湿地基本生态用水需求，维护湿地生态功能。县级以上地方人民政府应当科学论证，对具备恢复条件的原有湿地、退化湿地、盐碱化湿地等，因地制宜采取措施，恢复湿地生态功能。

6）湿地合理利用

县级以上地方人民政府可以采取定向扶持、产业转移、吸引社会资金、社区共建等方式，推动湿地周边地区绿色发展，促进经济发展与湿地保护相协调。在湿地范围内从事旅游、种植、畜牧、水产养殖、航运等利用活动，应当避免改变湿地的自然状况，并采取措施减轻对湿地生态功能的不利影响。

7）检查与监督和法律责任

《中华人民共和国湿地保护法》湿地执法主体、检查措施及行政相对人的配合义务等作出规定，明确监管部门及工作人员不依法履职和违法主体直接破坏湿地的法律责任，对其他法律中已经有明确法律责任的违法行为，《中华人民共和国湿地保护法》不作重复性规定，同时作出了与相关法律的衔接性规定。

6.6 建设工程相关法律法规

6.6.1 相关法律法规

建设工程相关法律法规如图 6-19 所示。

中华人民共和国建筑法	中华人民共和国招标投标法	中华人民共和国铁路法	中华人民共和国劳动法
中华人民共和国合同法	中华人民共和国安全生产法	中华人民共和国环境保护法	中华人民共和国职业病防治法
中华人民共和国产品质量法	中华人民共和国公司法		

1	• 建设领域推广应用新技术管理规定	6	• 建设工程质量管理条例
2	• 住宅室内装饰装修管理办法	7	• 建筑安装工程安全技术规程
3	• 建筑工程施工发包与承包计价管理办法	8	• 建设工程勘察设计管理条例
4	• 建筑业企业资质管理规定	9	• 中华人民共和国产品质量认证管理条例
5	• 房屋建筑工程质量保修办法		

图 6-19　建设工程相关法律法规一览

6.6.2　《中华人民共和国建筑法》

《中华人民共和国建筑法》于 1997 年 11 月 1 日第八届全国人民代表大会常务委员会第二十八次会议通过,1998 年 3 月 1 日正式施行。

2011 年 4 月 22 日第十一届全国人民代表大会常务委员会第二十次会议根据《关于修改〈中华人民共和国建筑法〉的决定》,对《中华人民共和国建筑法》进行了第一次修正。

2019 年 4 月 23 日第十三届全国人民代表大会常务委员会第十次会议根据《关于修改〈中华人民共和国建筑法〉等八部法律的决定》,对《中华人民共和国建筑法》进行了第二次修正。

《中华人民共和国建筑法》颁布的意义如下。

1. 立法的宗旨在于促进发展

为了加强对建筑活动的监督管理,维护建筑市场秩序,保证建筑工程的质量和安全,促进建筑业健康发展,制定《中华人民共和国建筑法》。

2. 合理确定建筑法律适用范围

在中华人民共和国境内从事建筑活动,实施对建筑活动的监督管理,应当遵守《中华人民共和国建筑法》。《中华人民共和国建筑法》所称建筑活动,是指各类房屋建筑及其附属设施的建造和与其配套的线路、管道、设备的安装活动。

3. 坚持以保证建筑工程的质量和安全为立法的重点

建筑活动应当确保建筑工程质量和安全,符合国家的建筑工程安全标准。国务院建设行政主管部门对全国的建筑活动实施统一监督管理。

4. 足于扶持建筑业走向更高的水平

国家扶持建筑业的发展,支持建筑科学技术研究,提高房屋建筑设计水平,鼓励节约能源和保护环境,提倡采用先进技术、先进设备、先进工艺、新型建筑材料和现代管理方式。

5. 强调建筑活动必须依法进行,重视合法性

对建筑工程施工、从业资格、建筑工程发包与承包、建筑工程监理、建筑安全生产管理和建筑工程质量管理进行规定,强调合法性。

6.7　房地产相关法律法规

6.7.1　行业历程

近 20 多年来中国房地产行业的发展大致可以划分为以下五个阶段。

1. 启动阶段

从 1998 年的住房商品化改革一直到 2002 年的土地招拍挂市场化改革,这一阶段我们称之为中国房地产行业发展的启动阶段。

2. 需求推动行业发展阶段

需求推动行业发展阶段主要是从 2002 年土地招拍挂市场化改革一直到 2007 年股市和房市双双进入"牛市"的阶段。

3. 两轮货币宽松导致的繁荣阶段

两轮货币宽松导致的繁荣阶段从 2008 年全球次贷危机一直到 2016 年房地产长效机制实行之初。

4. 因城施策长期化的长效阶段

自 2017 年以来,国家逐步确立了房住不炒和因城施策的长效机制。因城施策后房地产进入了总量高位、增速低位阶段,出现了强者恒强和存量竞争逻辑(高维竞争与多维竞争),成为下一个阶段的主要特征。

5．滞涨与下行阶段

2019 年后,受新冠肺炎疫情的影响和国家稳健货币政策的引导,房地产市场出现供大于求并下行的状态。

6.7.2 相关法律法规

大致在 1994 年后,我国房地产方面的法律法规日臻完善,建立健全了各种房地产方面的规章制度。房地产主要相关法律法规如下:

①1994 年通过的《城市新建住宅小区管理办法》《住宅工程初装饰竣工验收办法》《在中国境内承包工程的外国企业资质管理暂行办法实施细则》《中华人民共和国城市房地产管理法》;

②1995 年通过的《城市房地产开发管理暂行办法》;

③1996 年通过的《城市房地产中介服务管理规定》(2010 年废止)、《房地产广告发布暂行规定》(1998 年废止);

④1998 年通过的《城市房地产开发经营管理条例》《建设项目环境保护管理条例》;

⑤1999 年通过的《住房公积金管理条例》;

⑥2000 年通过的《房地产开发企业资质管理规定》《房产测绘管理办法》;

⑦2001 年通过的《城市房屋拆迁管理条例》《商品房销售管理办法》;

⑧2002 年国务院公布《住宅室内装饰装修管理办法》《商品住宅装修一次到位实施细则》;

⑨2007 年通过的《中华人民共和国物权法》。

6.7.3 《中华人民共和国城市房地产管理法》

《中华人民共和国城市房地产管理法》可以理解为调整城市、农村土地和房屋诸种关系的法律整体。其调整对象的具体内容如下。

1．土地、房屋财产关系

土地的所有权和使用权,房屋的所有权和使用权,都属于财产,它们是房地产业务活动的基础。

2．土地利用和管理关系

土地利用总体规划,对耕地的特殊保护,土地开发利用,土地用途管制,建设用地审批，集体土地的征用，国有土地使用权的出让、转让、出租和抵押，等等，有些属于市场行为，有些属于政府行为，有些属于市场行为与政府行为的结合。

3. 城市房地产开发经营关系

房地产开发经营是指房地产开发企业在城市规划区内国有土地上进行基础设施建设、房屋建设，并转让房地产开发项目或者销售、出租商品房的行为。既包括开发，又包括交易。

4. 城市房产管理关系

城市的整体规划，对公有房屋和私有房屋的管理监督，这些都属于政府行为。

5. 城市物业管理关系

物业管理公司与物业所有人（即业主）、使用人之间，就房屋建筑及其配套设施和居住小区内绿化、卫生、交通、治安、环境容貌等管理项目进行维修、修缮与整治，发生一系列社会经济关系，也可归属于广义的房地产法调整之列。

复习思考题

①举例说明我国国土空间规划法规体系。

②请简述"三区三线"和国土空间规划的关系。

③我国乡村振兴相关法律法规都有哪些？

第7章　国(境)外城市规划体系

7.1　美国城市规划体系

美国的城市规划有近百年的历史,其规划法规体系已经发展得十分完善。

7.1.1　规划发展历程

美国自建国以来已有 200 余年的社会经济发展历程。但是,城市规划步入美国社会经济活动中只有近百年的历史。美国城市规划运作体系达到相对完善的程度是在近半个世纪内,其时间跨度仅占美国约 1/5 的建国历史。

19 世纪以前,美国城市发展是在缺少规划和公共控制的状况下进行的,由此导致美国城市在发展过程中出现了拥挤、不卫生、丑陋和灾害频发等诸多城市问题。

1. 萌芽期

美国工业经济的快速发展所带来的城市问题,直接促进了一系列的改革运动,从而推动了美国城市规划的形成与发展,并且形成了影响至今的规划制度。

1893 年,由芝加哥世界博览会所引发和推动的城市美化运动(图 7-1),既是对过去各项改革运动的开拓,也是对现代城市规划的开拓。

1909 年和 1915 年,美国联邦最高法院在两起诉讼案中,从维护社会公共利益和政府行政权力的角度出发,分别确认了地方政府有权限制建筑物的高度和规定未来的土地用途而无须作出补偿。

1916 年,纽约市通过了"区划条例",区划法规得到了普遍推行。

1926 年,美国的大多数城市都有了自己的区划法规。

2. 发展期

第二次世界大战以后的半个世纪,虽然处于政治和经济发展的复杂时期,但美

图 7-1 芝加哥的城市美化运动

国的城市规划行为还是得到了进一步的加强和扩展。城市更新与改造开发运动是
第二次世界大战后第一个重要的城市规划活动。解决城市贫民窟问题、住宅建设问
题、商业发展问题等都已纳入了城市规划的日程。

20 世纪 30 年代开始的"新政"通过一系列的行动,如联邦政府资助地方和州的
规划工作开展、州际高速成公路系统规划、创立国家资源规划委员会以及在田纳西
流域等开展大量的区域规划工作,进一步推动了城市规划的开展。

第二次世界大战后政治气氛与大萧条时期已经完全不同,但规划权力还是得到
了极大的扩展。城市更新是第二次世界大战后第一个重要目标。规划从清理贫民
窟和实行住房建设计划开始,不久又增加了推动商业发展的内容。

3. 成熟期

城市建设各方面发展问题都纳入了城市与区域规划内容,且联邦政府的经济杠
杆和州政府的行政法律杠杆也加强了对城市规划新问题的研究,推动了以可持续发
展为核心的近代城市规划。

20 世纪 60 年代后,美国出现了增长控制和增长管理等新的规划领域,并且随着
人们对环境问题的认识不断加强,政府鼓励从事传统土地使用规划的机构考虑环境
方面的问题,由此促进了环境规划的开展。

7.1.2　规划法规体系

1. 联邦规划法规

1）内容

19 世纪 20 年代,美国的商业部推动了两部法案的出台,即 1922 年的《州分区规划授权法案标准》和 1928 年的《城市规划授权法案标准》。这两个法案为各州在授予地方政府规划的权力时,提供了可参考的立法模式,肯定了分区规划和总体规划的合法地位,并在全国范围内加以鼓励和提倡(图 7-2)。近百年来,美国所有的州都相继采纳了这些模式,这两个法案成为美国城市规划的法律依据和基础。

图 7-2　美国权力制衡图解

20 世纪 40—50 年代,美国联邦政府相继颁布了《1949 年住房法案》和《1957 年住房法案》,"都市复兴计划"即由《1949 年住房法案》发起。

1969 年,美国联邦政府颁布了《国家环境政策法案》,该法案对美国城市规划影响很大,它把环境规划的概念引入传统活动中。

2）特点

美国联邦政府的规划法规采取了以基金引导为主、以法规控制为辅的原则,即通过发放联邦基金的附加条件来调控地方的规划工作。地方政府只有积极迎合基金的附加条件,提出具体的项目和措施,才能申请到基金。

2. 州规划法规

1）发展历程

美国早期的州政府规划只侧重对州内自然资源的管理。

20世纪30年代，国家规划委员会通过联邦基金的支持和调控，大大推动了州规划活动的发展。

20世纪60年代，在夏威夷州总体规划的带动下，各州的规划活动又蓬勃发展起来，州规划部门的权力和地位由此得到进一步加强。

20世纪90年代，州总体规划开始脱离单纯的自然资源和物质环境规划，逐渐向远期战略型规划靠拢，侧重分析研究政策，提交预算报告，制定立法议程等。目前，美国大多数州规划部都是州政府的一个分支，为州长及内阁提供政策咨询和建议。

2）法规内容

美国州层面的法规主要涉及州总体规划、州规划授权法案和其他法规及控制办法三部分内容。

美国各州总体规划的名称、内容、形式、制定程序差异很大。在美国的50个州中，大约只有25%的州真正制定了全州的用地规划和政策（图7-3）。各州的总体规划都是根据自己的具体问题，在不同时期各有侧重地制定一系列的目标和政策。比较常见的内容包括用地、经济发展、住房、公用服务及公共设施、交通、自然资源保护等。

各州通过规划授权法案对地方政府的规划活动进行界定和授权。许多州都颁布了多个授权法案。但法案的落实极弱，50个州中只有11个州对地方规划有较强的控制。为此，美国规划师协会于1998年出版了立法指南，旨在为各州规划立法提供标准的模式和语言，加强对地方规划的控制。

此外，各州相继出台了一系列的专项法规，强调环境保护、建设发展控制等多方面的内容，加强对地方用地建设的控制。同时，有的州还采取了间接的控制办法，对地方建设项目的审批程序提出特别的要求。

各州的规划法案是针对特殊地区制定的专项法规，并非全覆盖，即相当于在地方政府规划法规外增加了一个控制层面，同时，二者在内容上一般不重叠，具有各自独立的法律效力。

图 7-3　俄勒冈州波特兰都会区 2040 概念规划图

3. 地方规划法规

1)区域规划

区域规划可以指导各地方政府规划,并促进州、区域、地方在政策上的协调统一。其可以由地方政府资源联合并达成管理协议的"联合政府"制定,也可以由州立法授权或强制要求地方联合组建的"区域规划委员会"制定。"联合政府"或"区域规划委员会"的作用:制定区域规划,向地方分配联邦基金,为下属政府提供信息技术服务,联系沟通地方政府、州政府和联邦政府,解决各级政府之间的矛盾。

2)城市总体规划

1909 年的"芝加哥规划"建立了美国总体规划的雏形,标志着现代城市规划的开始,美国后来的总体规划就是在这一模式上逐渐发展和完善的。总体规划主要由地方政府发起,由规划局或规划委员会负责指导总体规划的编制工作,一般为 10 年;配合总体规划的制定或修编,规划部门一般会同时修编分区规划和土地细分规划,与总体规划一并提交。

3)分区规划

分区规划是地方政府对土地用途和开发强度进行控制的最为常用的规划立法。

其规划内容包括:一是一套按各类用途划分城市土地的区界地图;二是一个集

中的文本,对每一种土地分类的用途和允许的建设作出统一的、标准化的规定。分区规划和总体规划一度是相互脱节、各行其是的。总体规划是一系列长期的目标,而分区规划是近期具体的土地管理控制措施,是地方政府实施总体规划和控制用地发展的关键手段。同一州内各个地方的区划法在内容和权限上具有一定的相似性。分区规划存在着局限性,只能控制用地,不能促成开发建设。

4)土地细分法

该法规一般用于将大块农业用地或空地细分成小地块,变为城市的开发用地。其重要职能是为地籍过户提供简便而统一的管理和记录办法。

5)其他控制办法

其他控制办法包括城市设计、历史保护和特殊覆盖区等设计导则。设计导则是在分区规划的基础上,对特定地区和地段提出更进一步的具体设计要求。其他控制办法不是立法,而是建议鼓励性的原则。

7.1.3 规划行政体系

一般而言,城市管理机构的组织形式有多种,如议会——市长制、委员会制和议会——行政官制等。但就具体的城市而言,各类与城市规划相关的机构有着确定的地位,从事着确定的工作。

1. 立法机构

立法机构在城市中是作为决策者来起作用的。它决定是否成立规划委员会,决定规划委员会的成员构成,决定是否对规划委员会划拨资金,决定是否对规划委员会的行动予以支持等。通过规划委员会的介绍和建议,立法机构将规划转变为政治决定而付诸行动。

2. 规划委员会

规划委员会是绝大部分城市的法定机构,大量规划通过该机构得到执行。对于立法机构而言,规划委员会具有顾问的作用。规划委员会的主要职责是及时地传达市民的意见和想法,为规划内容和决定提供多方面的协调,并对规划机构进行监督。

在大城市,除了设有规划委员会,还设有独立的区划管理机构和上诉委员会。通常情况下,规划委员会编制区划法规,区划管理机构执行区划法规。

3．规划部门

在很大程度上,规划委员会要发挥作用就需要依赖规划部门的技术人员,立法机构对一些政策的最后批准也需依赖规划部门。

规划部门的主要职责:一是编制综合规划并依法编制区划法规和土地细分管理的条款;二是负责街道和道路,卫生、教育、娱乐设施,市政公用设施,警察局和消防设施,以及对所有的建设和工程行为进行管理;三是在许多州,法律还要求规划部门合作编制行政管理和基础设施改进计划预算。

4．区划管理机构

区划管理机构负责为具体的申请案提供区划条例解释,并在授权的情况下可对区划条例作适当的修正。对于区划管理机构的决定,可以向规划委员会、立法机构、上诉委员会和相应的法庭上诉。

5．上诉委员会

由于地方政府事务复杂性的增加,上诉委员会需对区划条例和区划变动进行解释,其控制权限和设置与规划委员会类似。

7.1.4　规划运作体系

规划运作体系主要包括发展规划和开发控制两个部分。

1．发展规划

美国的各级政府都会编制发展规划,具体如下。

1)联邦政府层面规划

在土地使用方面,联邦政府只能决定其所有的土地的使用权,而没有权力管理其他用地。

2)州政府层面规划

在土地使用方面,州政府通常运用州宪法或其他特别的法规将州以外的土地使用管理权下放给地方政府进行管理。

3)城市和县层面规划

城市和县的地方法规在执行其所在州的法规和地方宪章的同时也就确定了规划的范围。

4）综合规划

州的立法通常要求地方编制综合规划,并确立该类规划的作用范围。综合规划在对社区未来发展进行全面安排的基础上,必须包括一系列广泛的具体项目和计划。城市和区域的规划及实施由地方政府决定,无须州和联邦政府进行复审。

5）区划法规

区划法规是美国城市进行开发控制的重要依据。

2. 开发控制

在开发控制方面,联邦政府的作用是间接的,控制机制主要由地方政府执行。

在发展控制方面,区划是地方政府影响土地开发的主要手段。制定地方政策和执行区划规则的权利主要源于政府的行政权力。

土地细分将大的地块划分成尺寸较小的建设地块。美国对土地细分过程进行了非常细致的控制。美国通常规定,地产开发者必须向社区贡献一定量的土地,作为社区建设学校、娱乐设施或社区设施所需。

场址规划审查通常用来保证区划条例中的各项标准在重要的开发项目中得到贯彻。需要进行场址规划审查的项目在各个城市是不同的,一般由地方政府决定。

美学控制主要包括地标控制和独立的设计审查两部分。

7.1.5 规划体系特征

在政府体制架构上,城市规划基本由州和自治市负责,国家不具有统一的城市规划法规,因此美国城市规划的行政体系和运作体系在各个州均有所不同,甚至在一个州之内的各个自治市也各不相同。

美国城市的各项法规均建立在州的授权法的基础之上。这些州的法律通常都规定了地方机构的构成和职责等方面的内容,也包括总体规划、相应的规划条例及地图的编制和审批,区划调整和修正,以及其他有关控制、具体许可的审批等执行过程的安排。

在各个城市中,立法机构是城市发展和建设的最终决策者。规划委员会是绝大部分城市的法定机构,政府通过该机构执行大量的规划并且从事大量的规划行为。在规划部门的帮助下,规划委员会编制综合规划和区划条例,批准对土地细分的许可,审批有条件使用的许可和对区划条例的调整。上诉委员会则负责审查对区划条例一些其他调整的申请。

　　绝大部分城市都以区划法规作为开发控制的依据,但编制综合规划并不是每个地方政府的法定职能,尽管综合规划在城市发展过程中担当着重要的作用,联邦政府对地方发展的资助计划都要求有综合规划作为依据,地方政府的建设计划和开发控制也都以综合规划为依据。区划作为开发控制的主要方式,具有确定和透明的特征,适用于通则式开发控制。场址规划审查、设计审查和地标控制等方式则是对于城市中具有重要和特殊意义的地区进行更为特定和详尽的个案控制。

7.2　英国城市规划体系

　　英国是最早建立现代城市规划体系的国家之一,其体系被许多国家特别是英联邦国家所效仿。

7.2.1　规划发展历程

1. 萌芽期

　　英国早期的规划发展,包括地方、区域及国家层面的多项规划实践过程。随着社会变迁与政府改革的推进,规划目标、层次及内容逐渐趋于多元化。

　　英国作为工业革命的发源地,在 18 世纪末和 19 世纪初,能源和交通技术发生了根本性变革,导致城市急剧膨胀,引发了一系列城市问题,特别是环境卫生和住房问题。英国现代城市规划就是起源于政府在城市环境卫生和住房等方面进行的公共干预。

　　19 世纪中叶,英国政府颁布了一系列法规,包括 1848 年的《公共卫生法》、1866 年的《环境卫生法》。

　　19 世纪 70 年代,英国各个地方政府制定了一系列住房法规,规定了新建住房的居住密度、日照间距、卫生设施和其他标准。

　　1898 年,霍华德提出的田园城市理论对英国和其他国家的城市发展产生了深远的影响。

2. 开发期

　　20 世纪初至 20 世纪中叶,英国空间规划在地方及区域层面进行了早期实践,地方规划成为关注的焦点,区域规划工作趋于停滞。

1909 年,英国通过了历史上第一部城镇规划法——《住房与城镇规划诸法》,标志着城市规划作为一项政府职能的开端。

20 世纪 40 年代,《城乡规划法》为英国的现代规划体系奠定了基础。《城乡规划法》颁布后,城市开发控制的工作过程和具体开发控制手段也基本定型。英国在同一时期颁布的专项法包括 1945 年的《工业分布法》、1946 年的《新城法》、1949 年的《国家公园和乡村通道法》和 1952 年的《城镇发展法》,这些法律对第二次世界大战后英国的城市规划产生了重要影响。

3. 发展期

20 世纪 60—80 年代,英国区域及地方规划在新的时代背景下进入波折发展期。

历经战后重建的英国城市发展迅速,城市人口膨胀、南北部发展不平衡的现象越来越突出,区域层面的政府调控成为发展的必要条件,区域规划开始复兴。英国于 1968 年修订的《城乡规划法》建立了结构规划和地方规划两级法定规划体系。区域规划开始将经济发展及财政分配纳入考量。

20 世纪 80 年代,在"撒切尔主义"的影响下,英国原有的结构规划、地方规划两级体系被打破,转而由各区级政府实施单一发展规划。

4. 成熟期

1988—2004 年,英国国家规划形成,区域规划开始了新实践。

20 世纪 80 年代末期,英国政府实行分权改革,苏格兰议会、威尔士国民议会、北爱尔兰议会相继成立,以加强地方自治,但在英格兰的发展上,中央政府仍保持着较强的控制力。

1988 年,英国政府颁布了第一部《规划政策指引》,标志着国家规划的开端,旨在从总体上为英格兰发展的规划政策制定提供更为清晰、明确的引导。在国家尺度重构背景下,一批以区域协调发展为核心的地域机构开始出现,包括区域政府办公室、伦敦议会、区域议会、区域发展机构等。

2004 年后,在空间规划理念的引导下,以可持续发展为核心目标的规划政策成为英国国家层面规划,其内容更为综合。

7.2.2 规划法规体系

英国规划法规体系包括城乡规划法、城市规划规则和城市规划政策三部分。

1. 城乡规划法

自 1909 年以来,英国先后颁布了 40 余部规划法。其中 1947 年颁布的《城乡规划法》和 1968 年修订的《城乡规划法》对英国城市规划体系的影响最大。

1971 年修订的《城乡规划法》和以后颁布的一系列法规从各个方面补充和完善了英国规划法规体系。

1990 年修订的《城乡规划法》作为英国现行的规划立法,只是综合了以往的《城乡规划法》和有关的专项法。

2. 城乡规划规则

英国的规划主干法具有统领性和原则性的特征。实施细则是由中央政府的规划主管部门所制定的各项从属法规,主要包括《用途分类规划》《一般开发规则》和《特别开发规则》。

1)《用途分类规划》

《用途分类规划》界定了土地和建筑物的基本用途类别以及每一类别中的具体内容。同一类型的用途变化不构成开发,因而不需要申请规划许可。随着产业结构的转型和科学技术的进步,用途分类也进行了相应的调整。1987 年的《用途分类规划》提出了综合性的商务用途类别,包含办公、科研和轻型生产活动,以适应高科技的新兴产业。

2)《一般开发规则》

《一般开发规则》界定了不需要申请规划许可的小型开发活动,并提出相应的基本规划要求,因为这些开发活动对于周围环境没有明显影响,可以采用通则式管理方式。

3)《特别开发规则》

《特别开发规则》界定了特别开发地区(如新城、国家公园和城市复兴地区)由特定机构来管理,不受地方规划部门的开发控制。

3. 城市规划政策

中央政府的城市规划政策性文件也是地方政府的发展规划和开发控制所应遵循的依据,如区域规划指导要点为地方政府的结构规划提供依据,规划政策指导要点阐述中央政府对于特定规划议题的政策。

7.2.3　规划行政体系

英国政府的行政管理实行三级体系,分别是中央政府、郡政府和区政府。根据城市化程度,划分为 7 个大都会区域和 47 个非大都会区域。

中央政府的规划主管部门是环境与交通部,其基本职能包括制定有关城市规划的法规和政策,审批郡政府的结构规划和受理规划上诉,并有权干预区政府的地方规划和开发控制,以确保城市规划法的实施和指导地方政府的规划工作。

法定的发展规划实行二级体系,分别是结构规划和地方规划。

结构规划由郡政府编制,上报中央政府的规划主管部门审批;地方规划由区政府编制,不需要上报中央政府审批,但地方规划必须与结构规划的发展政策相符合。

由于 1985 年的《地方政府法》撤销了大都会地区的郡政府,二级规划体系与单一行政体系之间发生矛盾。1990 年的《城乡规划法》确定在大伦敦和其他大都会地区实行一体发展规划,包括结构规划和地方规划两个部分,由区政府编制,结构规划部分呈报中央政府审批。

开发控制是地方规划部门的职能,但环境与交通部可以通过以下两种方式进行干预:

①如果开发者对于地方规划部门的开发控制表示不服,可以进行上诉,否决地方政府的开发控制决策;

②主管部门有权"抽查"任何规划申请,并且取代地方规划部门,直接作出开发控制的决策。

7.2.4　规划运作体系

1. 法定规划

法定规划包括结构规划、地方规划和补充性规划,法定规划的编制程序和内容必须遵循法定要求。

结构规划的任务是为未来 15 年或以上时期的地区发展提供战略框架;地方规划的任务是为未来 10 年的地区发展制定详细政策,地方规划的编制过程包括磋商、质询和修改三个阶段;补充性规划包括设计导则和开发要点,更为具体地阐述一些特定类型和特定地区的开发政策和建议。尽管设计导则和开发要点不是法定规划,但仍然是开发控制中要考虑的因素。

2. 开发控制

开发的定义不仅指建造、工程和采掘等物质性作业,还包括土地和建筑物的用途变更。

1) 规划申请

需要规划许可的开发活动必须提出规划申请。对于较为大型的开发项目,可以先提出概要规划申请。

2) 规划许可

地方规划只是开发控制的主要依据,并不直接决定规划许可,规划部门在审理开发申请时享有较大的自由裁量权。

3) 规划上诉

规划上诉包括三种方式,分别是书面陈述、非正式听证会和正式的公众听证会。

4) 规划执法

规划部门发出"执法通知",进行罚款并规定在限期内纠正违法开发行为。

5) 规划协议

地方规划部门可以与开发商达成具有法律效力的规划协议,要求开发商提供必要的公共设施作为规划许可的条件。

7.2.5　规划体系特征

1. 法律性

自 1947 年《城乡规划法》实施以来,英国已逐步形成了一套严密的城乡规划法规体系。《城乡规划法》及其辅助规定、特别政府的《规划政策指导纲要》,确定了城市规划程序、内容等一套法定规划。规划的编制和实施都在法律的控制程序下进行,规划的编制必须经过相应的法定程序并经批准才能生效;而规划在实施中若违反规划准则进行开发,则可通过拒绝给予规划申请而得到制止。

2. 综合性

早期规划主要是解决土地利用布局问题,即侧重于形态规划。1968 年修订的《城乡规划法》标志着英国形态规划体系时代的结束,进入了全面考虑经济、社会、环境、人文等因素,综合性发展的规划时代。发展规划把多方面因素研究同形态规划,以及发展目标同规划政策、开发策略、资金筹措等有机结合起来。目前,英国城市规划已朝着综合性规划的方向发展。

3. 灵活性

两级规划体系中的结构规划所提供的是没有时间局限的规划,是对未来任何时候可能进行的开发的原则指导。结构规划一旦确定,可以随时进行修改,这种修改可以涉及结构规划的全部或局部地区。

4. 公众性

英国在整个规划过程中,须有三个月时间的公众参与阶段。可通过磋商、质询、听证等环节,以充分听取公众的各项意见,据以对规划加以修改完善。规划一旦确定,又以公告的形式予以公布,以使公众遵守并监督实施。

7.3 日本城市规划体系

日本城市规划深受中国文化影响,始于明治维新时期,但在西方国家影响下逐步形成体系。

7.3.1 规划发展历程

1. 第二次世界大战前探索期(1945 年之前)

7—10 世纪,日本深受中国文化影响,其京城的营建参照了中国都城的方格网和里坊制。

1868 年明治维新后,日本受到西方国家影响,城市产生了各种问题。

1888 年,东京颁布了《东京市区改正条例》,开始了对东京的改造。

1919 年,日本颁布了近现代历史上第一部城市规划法——《都市计画法》(又称为"旧法"),初步形成了日本的城市规划体制。

1923 年,日本于关东大地震后颁布了《特别都市计画法》。

2. 第二次世界大战后复兴期(1945—1965 年)

20 世纪 50 年代,日本颁布了一系列专项法和相关法,包括 1953 年的《汽油税法》、1954 年的《土地调整法》、1957 年的《停车泊位法》和 1963 年的《新居住区开发法》等。

20 世纪 60 年代,日本政府实施复兴计划后,相继制定了国民收入倍增计划、第一次全国综合开发规划与新产业都市建设计划。

3. 高速成长期(1966—1975 年)

1968 年,日本颁布了新的《都市计画法》(又称为"新法"),为日本现代城市规划体系奠定了基础,标志着日本城市规划进入一个新时期。

1969 年,日本编制了第二次全国综合开发规划。

1972 年,日本首相田中角荣提出了"日本列岛改造"的构想,并出版了《日本列岛改造论》一书,国土开发规划建设力度进一步加强。

4. 高速成长后期(1976—1985 年)

1973 年,日本出现了石油危机,城市规划与区域规划项目减少。

1977 年,日本颁布了《与土地区划整理事业相关的调查、规划标准》,并编制了第三次全国综合开发规划。

5. 规划法修订前(1986—1992 年)

1983 年,日本颁布了《制定城市景观总体规划》条令。

1986 年,日本国会通过了与实施国营铁道公司体制改革有关的 8 部法律,此举激活了以私企为主导的城市开发事业。

1987 年,日本制定了《度假村开发建设法》,全国出现了民间开发大规模旅游度假区的高潮。

1988 年,日本制定"再开发地区规划制度",奠定"民间请求型城市规划"基础,并颁布《制定都市景观模范城市》条令。

1990 年,日本修订了《关于调整大型零售商店零售业务活动的法律》(简称《大店法》),并出台了以生活相关为中心公共投资的法律,此后规划职能不断趋于多样化和专业化。

6. 规划法修订后(1992 年以后)

1992 年,日本再次修订了《都市计画法》,规定了"市镇村总体规划编制制度",编制城市总体规划成为日本城市规划体系的一项法定制度,它强调了城市规划编制过程应有市民参与,标志着日本城市总体规划进入了"市民参与型"的新阶段。

当今的日本已由"城市化社会"进入了"城市型社会",城市规划迎来了一个新的转换期。迄今惯行的城市规划一直是以人口与经济成长为前提的,因此未来日本的发展将持续衰退。

日本民众的价值观趋于个性化与多样化,价值观的视点也从以"消耗"为中心转变为重视"积累",客观上要求建立能够考虑个人需求的城市规划体系。

在日本城市规划体系发展过程中,1950 年的《国土综合开发法》、1968 年的《都市计画法》和 1974 年的《国土利用规划法》三部法律的地位至关重要,在三部法律的指导要求下,逐步形成了日本的空间规划体系(图 7-4)。

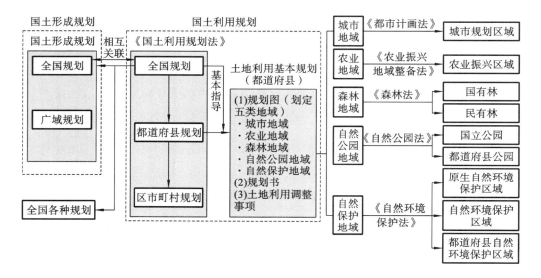

图 7-4　日本空间规划体系示意图

7.3.2　规划法规体系

1.《都市计画法》(1968 年)

尽管日本早在 1919 年就颁布了《都市计画法》,然后又制定了各种专项法和相关法,但日本现代城市规划体系的基础是 1968 年的《都市计画法》,它为制定新的规划体系提供了法律基础。该部《都市计画法》明确划分了城市化促进地域和城市化控制地域,并实行开发许可制度,以阻止城市无序蔓延;土地使用分区从 4 类增加到 8 类,以提高城市环境质量;土地使用区划审批权限从中央政府下放到都道府县政府,公众参与成为城市规划过程中的法定环节,城市规划程序更为地方化和民主化。

1968 年的《都市计画法》经历了一系列重要修改,特别是引入了各种类型的街区规划,作为土地使用区划的细化和补充,以增强地区发展的整体性和独特性。

2. 城市新议题

进入 20 世纪 80 年代以后,日本的经济发展从高速时期转为稳定时期,大都市地区的人口膨胀问题得到了缓解。经济的逐渐繁荣促使人们追求城市生活的品质,城市地区的再开发、环境治理和城市中心的复兴等成为城市政策的新议题。

3. 相关法律

除了作为主干法的《都市计画法》,日本的规划法规体系还包括其他三类有关法律,具体如图 7-5 所示。

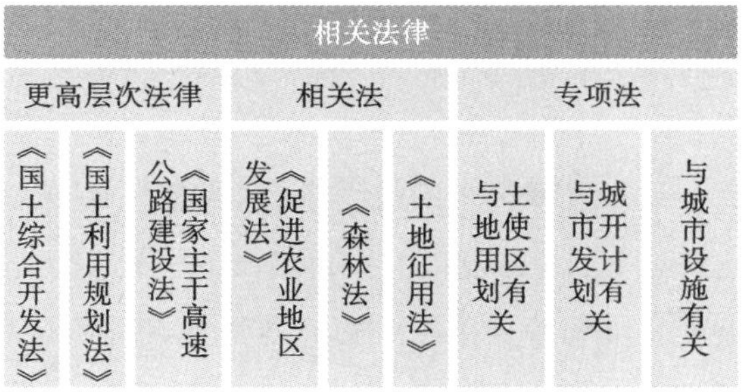

图 7-5　日本城市规划相关法律

7.3.3　规划行政体系

日本的政府行政体系包括中央政府、都道府县政府和区市町村政府三级政府。

中央政府不仅在行政职能方面得到了各项法律的支持,而且可以运用财政手段,地方政府的许多基础设施和公共设施建设在相当程度上依靠中央政府的财政资助。

1. 中央政府的规划职能

根据日本的政府行政体制,从国土规划到城市规划是一个自上而下的过程。

城市规划区范围与国土利用规划的城市区域大体相同,《都市计画法》只适用于城市规划区。城市规划区与行政辖区并不一致,有时会涉及多个行政辖区。日本的 1274 个城市规划区涉及 1967 个市镇和 1.13 亿人口。

在中央政府中,建设省的都市局是城市规划和城市建设的主管部门,其主要职能是协调全国层面和区域层面的土地资源配置和基础设施建设。建设大臣需审批城市规划区内划分、指定地区的土地使用区划和大型公共设施大规模的城市开发计划等。

国家土地署负责编制国土利用规划,并与中央政府的有关部门和地方政府进行磋商和协调。

国土利用总体规划将日本国土划分为五种地域类型,分别是城市地域、农业地域、森林地域、自然公园地域和自然保护地域。

除了编制国土利用规划和审批城市规划,中央政府还通过财政拨款促进各个地区之间的均衡发展。同时,中央政府还设置了各种公共开发公司,直接参与大型基础设施建设和大规模的城市开发计划。

2. 地方政府的规划职能

根据《都市计画法》(1968年)的规划权限下放原则,地方政府的规划职能得到加强。

都道府县政府负责具有区域影响的规划事务,包括城市规划区中城市化促进地域和城市化控制地域的划分、25万及以上人口城市的土地使用区划等。

区市町村政府负责与市利益直接相关的规划事务,包括25万人口以下城市的土地使用区划和各个城市的地区规划,跨越行政范围的规划事务则由上级政府进行协调。

3. 城市规划的行政程序

中央和地方议会是通过立法和财政来影响城市规划的,规划审议则由规划委员会主持,议会并不直接参与,尽管有些议员可能会成为规划委员会的成员。中央和地方都设有城市规划委员会,由议会成员、政府官员和专业人士组成。

日本的城市规划是一个公众参与的过程。在地方政府批准一项规划之前,要公开告示并使公众有机会参与评议,公众意见以书面形式呈交给地方政府。根据日本的行政听证程序,公众意见由上一级政府的仲裁机构来审理。

日本的城市规划又是一个多方协调的过程。在进行各种公共设施和基础设施规划中,要与相应的主管部门进行磋商和协调。如城市化促进地域和城市化控制地域的界线发生变化时,需要与农业和其他有关部门进行磋商和协调。

7.3.4 规划运作体系

日本城市规划的运作过程包括城市土地使用规划、城市公共设施规划和城市开发计划三部分。

1. 城市土地使用规划

日本城市土地使用规划分为地域划分、分区制度和街区规划三个基本层面(图7-6)。每个层面的土地使用规划都包括发展政策和土地使用管制规定两个部分。发展政策包括发展目标及实施策略,它不具有直接管制开发活动的法律效力,但可作为制定管制规定的依据。

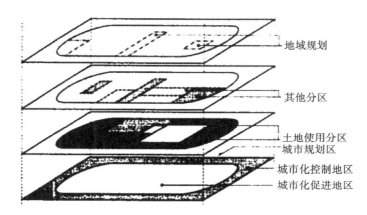

图 7-6　日本城市土地使用规划层级

2. 城市公共设施规划

城市公共设施包括交通、公共开放空间、教育、文化、医疗和社会福利等设施。这些设施的建设和管理涉及建设省和其他部门、中央政府和地方政府、公共机构和私有机构,都要纳入城市规划进行统筹考虑。

在城市规划确定了公共设施的位置以后,所在地块的建造活动就会受到相应的限制,公共设施的实施机构被依法授予强制征地的权力。

在公共设施所在地块,原则上不允许其他开发活动,除非是不超过二层、没有地下室和简易结构的临时建筑物,还必须得到都道府县政府的批准,并且这些建筑物日后不会得到赔偿。在日本城市规划中,基础设施和土地使用必须进行整体考虑,但两者的目标期限往往并不一致。

3. 城市开发计划

较大规模的城市开发计划无法完全依赖土地业主的开发意愿,确保城市开发的整体性和避免城市无序扩展。根据城市更新相关法律法规,人口规模较大的城市都要编制城市更新计划,作为城市发展政策的组成部分。

在土地有效利用地区中实施城市开发项目,可以对私有产权进行三种方式的公共干预:一是进行土地调整,在地块面积基本不变的条件下,根据街区规划进行地块界线的重新划分;二是进行产权置换,将土地产权置换成为建筑产权,空置出来的土地可以用于建造公共设施和开放空间,适用于城市中心地区的再开发;三是强制征地,这种方式适用于城市外围的大规模开发以及公共设施的配套建设。

7.4　德国城市规划体系

德国受邦国历史背景影响,城市规划体系呈多元分散趋势,第二次世界大战后逐步形成统一、完整的体系。

7.4.1　规划发展历程

城市发展阶段推动德国城市规划由"城市—城市"向"区域—城市"的规划模式转变。德国城市规划主要发展历程如表 7-1 所示。

表 7-1　德国城市规划主要发展历程

时　　间	主要事件	解　　析	层　　级
1875 年	《建筑红线法》	标志着德国城市规划法的诞生	地区层面
19 世纪末至 20 世纪初	城市规划管理的一般准则	规划管理的范围与潜在的城市建设区可能扩展的范围的大小相适应,把相邻的村镇居民点也考虑在规划之内。引发城市规划阶段问题,成立区域性专门规划委员会	
1933 年— 1945 年	第三帝国时期	试图统一全国的城市规划法,但未完成;以各州制定各自的规划法为特色	
1960 年	《联邦建设法》	第一部全国性城市规划法规;确定城市建设基本框架,对城市土地利用进行控制	
1965 年	《联邦地区规划法》	对地区规划的目的与原则作出明确规定	

续表

时　间	主 要 事 件	解　析	层　级
1971 年	《城市建设促进法》	进一步细化了新建改建的措施及法律、财政和税收规定	州域层面
1976 年	《联邦建设法补充条例》	为应对镇、区产业结构变革,补充城市结构保护和更新部分内容	州域层面
1984 年	《城市建设促进法补充条例》	从大面积、推平头式的旧区改造转为针对具体建筑的保护更新	州域层面
1985 年	《区域规划大纲重点》	各州规划的具体政策指导。划分 43 个联邦级地区规划单位(西德 38 个、东德 5 个),打破区域行政界线限制。对规划区的生活环境、社会、经济等进行综合分析	州域层面
1987 年	《建设法典》	奠定了德国城市规划的基本法律框架。结合《联邦建设法》《城市建设促进法》,在城市生态、环境保护、重新利用废弃土地、旧房更新、旧城复兴等方面发挥作用	联邦层面
1993 年	《空间秩序规划报告》	东、西德统一后第一个全面的空间发展规划报告	联邦层面
1995 年	《空间秩序规划政策措施框架》	中央政府联邦层面上的空间规划政策框架由此确定	联邦层面

7.4.2　规划法规体系

德国空间规划是一种涉及多区域、多部门的具有公益性的政策工具,它分为空间总体规划和专业部门规划两部分。

1. 空间总体规划

空间总体规划指各种范围的土地及其上部空间的使用规划和秩序的总和。其主要由联邦、联邦州、地方三个层面组成,空间总体规划为法定的正式规划。

2. 专业部门规划

根据需要,地方政府还可以制定法律规定之外的规划,即专业部门规划,又称非正式规划,包括景观框架规划、城市发展规划、景观规划、绿化秩序规划、形态规划等,以辅助正式规划的编制与实施。

7.4.3 规划行政体系

德国是地方高度自治的联邦制国家。德国的行政体系分为三级,即联邦、联邦州和州辖管理的市或地区(也叫行政区),德国城市规划体系紧密依托于其行政体系(图 7-7)。

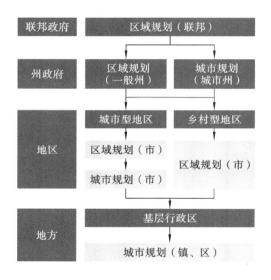

图 7-7 德国城市规划体系示意图

1. 联邦层面

空间秩序规划的主要任务在于协调不断出现的空间要求,制定全国空间的整体发展战略,指引和协调州的空间总体规划以及各专业部门规划。联邦政府仅拥有确立空间规划总体框架的权限。联邦政府层面的空间规划文件主要有《空间规划政策指导纲要》以及《空间发展报告》等。联邦政府层面空间规划的主要法律依据有《宪法》《空间规划法》《建设法典》等。

2. 联邦州层面

联邦州层面的空间规划主要包括州发展规划和地区规划。联邦对联邦州的规划无直接管辖权,只有协调作用,但是联邦州层面的规划必须遵循联邦空间规划制定的政策和要求。州发展规划的主要法律依据为《空间规划法》《空间规划条例》《州空间规划法》,地区规划的主要法律依据为《州空间规划法》《州建设利用条例》。州发展规划覆盖某个州的全部地域空间,其核心内容是在调查分析和预测人口、经济发展、基础设施建设和土地利用状况的基础上,确定州空间协调发展的原则与目标、居民点空间结构规划、开敞空间结构规划、基础设施规划建设。州发展规划必须经过论证,由最高空间规划和州规划部门制定。地区规划是州规划和地方规划之间的桥梁,地区规划的目标是城镇之间的空间协调发展,是空间秩序规划目标的进一步明确化和具体化。在德国城市规划体系中,只有地区规划是跨行政区的规划。地区规划既要统筹安排中心地、发展轴、交通基础设施等区域总体布局,也要对水资源、自然景观等开敞空间进行保护。地区规划期限一般为 10 年左右,德国的地区规划组织形式不尽相同,但大多由国家(指州、地区)和地方政府共同组建的公共机构(即规划协会)来完成。

3. 地方层面

地方规划包括土地利用规划和建设规划两部分。地方规划旨在调整城镇行政区内的土地利用和各项建设活动。地方规划的直接法律依据有《建设法典》《建设利用条例》《州建设利用条例》等。土地利用规划是根据城市发展的战略目标和各种土地需求,通过调研预测,确定土地利用类型、规模以及市政公共设施的规划,为土地资源的利用提供基本意见。该规划对市、镇、村政府或公共的建设单位有约束力,但是对于市民没有法律上的直接约束力。建设规划与我国城市规划中控制性详细规划类似,通过一系列法定指标加以规范,如各地块的用地性质、容积率等规划控制指标,以达到控制、规范和引导建设活动的目的。

7.4.4 规划编制体系

德国城市规划编制流程大体分为三个部分,即组织、编制和实施。

1. 组织

在规划组织阶段,德国的镇、区政府肩负着管辖地方权限之内的自治管理以及作为国家派出机构的委托管理两方面的职责。而从事城市发展规划和城市规划管理的机构形式和从属关系几乎是相对独立的。在德国,城市规划管理的机构形式可以根据各个城市议会和市政管理当局各自具有的不同管理权限进行划分。

在市场经济的条件下,许多问题通过企业化的途径加以解决的速度更快。因此,德国不少镇、区成立或者组建了为城市更新和城市改造服务的市场化公司,以便利用市场的优势。

2. 编制

在规划编制阶段,镇、区政府对规划编制只保留委托权,镇、区议会对规划只保留审议权。德国的城市规划编制特别强调公众参与,分为两个阶段:一是在规划编制之前,邀请有关部门和市民就规划的编制和调整提供建设性意见;二是在规划编制完成后,通过规划展示向市民征集批评意见。

3. 实施

在规划实施阶段,为了保证建设导则的顺利实施,尤其是为了保证建设导则要求的维护全民福利所需要的公共用途的用地,包括道路用地、公共开敞绿地、公共建筑用地的征用,德国制定了强行征购、禁止改建等法律手段。

由于制订具有法律约束作用的规划控制各地区不平衡的发展,因此所有地区的建设发展都需要在共同的建设目标下加以控制和引导。在法律上对不同地区的建设发展采取不同的法律手段,但是又将它们纳入统一的规划目标框架之内。

7.4.5 规划体系特征

1. 规划体系完整

德国空间规划体系的综合性与专业性相辅相成,既有综合规划,又有专项规划。联邦规划、州规划和区域规划等上位规划提供战略引导,土地利用规划、建设规划等下位规划落实具体内容,针对性强,上、下位规划有效衔接,体系相对完整。同时,德国空间规划体系分工明确、脉络清晰。各级规划的编制严格遵循层级规则,即下一级规划严格服从和遵循上一级规划要求,自上而下,具有连续性。各个层面的空间规划兼顾整体与局部的关系,既能从整体区域角度出发,统筹协调,又能指导下一级规划根据各自侧重进行利益协调,且留足发展空间。此外,综合规划与专项规划相结合,法定规划与非法定规划相结合,战略性规划与实施性规划上下呼应,使得德国空间规划体系在确保整体性和权威性的同时,更加具有灵活性。

2. 法律保障体系完善

德国每个层次的空间规划均有相应的法律法规支撑,构建了一个相对完善的规划法律体系,如联邦层面空间规划的主要法律依据有《宪法》《空间规划法》《建设法典》等,州规划的主要法律依据有《空间规划法》《空间规划条例》《州空间规划法》等,地方规划的主要法律依据为《州空间规划法》《州建设利用条例》等。这些法律法规为德国空间规划的编制与实施、协调与统筹、开发与建设管控提供了可靠的法律保障,强化了空间规划的强制性和约束性。

3. 区域规划特色突出

德国的区域规划体现了较强的前瞻性,高位统筹,避免了市、镇行政主体间的互相推诿,减少了规划矛盾,从州层面优先进行协调,有利于提高规划工作效率。区域规划能够兼顾州内各行政主体间的利益,协调市、镇之间的矛盾,也能统筹协调各州规划的目标、任务和原则,起到跨行政区域利益联动协调以得到最优化处理结果。同时,德国通过成立专门的区域规划机构,搭建区域规划平台,共同制定和实施区域规划政策,有效减少了外部矛盾,避免了很多不必要的规划协调工作。

4. "弹性"与"刚性"协调互补

德国规划具有法律地位,规划权威性很高,因而能够成为区域开发和城镇建设的重要准则。德国规划的"刚性"管控作用极强,其完善的法律制度与各层次规划逐级对应,保证了城市规划能有效落实。规划一旦确定,就严格遵照执行,如果要进行修改,则必须进行详细、深入的论证,并且经历一系列的法律程序。同时,规划确定的生态用地、隔离带或者其他非建设用地是难以调整的。

规划的"弹性"主要体现在规划体系中,各层次规划对各自所需要承担的任务分工明确,内容清晰,如联邦规划、州规划和区域规划作为战略性规划都从各自层面出发,提出目标任务,并为下一层规划留有余地,相互辅助。此外,土地利用规划和建设规划进行了有效分工,土地利用规划对城市用地的规定相对宽泛,对土地用地性质、开发强度进行了界定,具体开发建设指标要求则通过建设规划的文本和图则进行控制,两个规划得到了很好的衔接。值得注意的是,相比国内同类型规划而言,德国的空间规划对于用地性质的分类相对简单,仅包含居住用地、工业用地、混合用地和生态绿地,后续通过不同的开发强度进行分类,对于设施、商业区等则通过符号界定,极大地释放了用地开发的灵活性。

5. 强调公众参与

公众参与贯穿了德国规划从制定到实施的全过程,相关法律也对其重要性进行了明确规定。公众可以全程参与规划的调研、听取规划咨询，参与各阶段的规划，公众意见将作为规划中的重要内容，建设规划需根据公众意见进行修改。《空间规划法》要求"制定空间规划目标时必须有公共部门和个人的参与"和"制定空间规划计划时必须有公众的参加或参与"。《建设法典》规定："应尽早告知公众规划的总体目标和意图、主要备选方案、方案的可能影响，公共告知应安排在规划草案公示前。"同时，《建设法典》要求公共机构参与规划，规划成果和说明要向公众公示，要接受公众监督并提供解答。

7.5 中国香港城市规划体系

中国香港的城市规划吸取了"大伦敦规划"的经验，形成了高密度发展态势和紧凑的城市形态。

7.5.1 规划发展历程

1. 第一阶段（1894 年至第二次世界大战前）

这一时期香港的城市规划主要针对居住环境极其恶劣地区（图 7-8 至图 7-11），对低收入者聚集区（寮屋）进行清除，以保障公众卫生和安全，是一种应急性的、维护社会稳定的政府行为。

图 7-8　中国式牌楼（1897 年）　　图 7-9　港岛中环海边（1890—1900 年）

2. 第二阶段（第二次世界大战后至 1988 年）

这一时期香港政府的工作重心集中在新市镇建设上（图 7-12、图 7-13）。在城市更新中，政府职责缺失，更新重建主要靠民间组织，项目耗时长且效率低。同时，一些民间组织（如香港房屋协会）致力于解决第二次世界大战后住房问题，主要进行小型重建(如坚尼地城项目)。一些私人机构也对拆迁难度小的项目以及大规模的棕地进行重建开发,例如太古船坞棕地开发。

图 7-10　长洲村落(1919 年)

图 7-11　维多利亚港(1924 年)

图 7-12　上海街(1962 年)

图 7-13　荃湾新市镇(1965 年)

3. 第三阶段(1989—2000 年)

这一时期处于过渡时期,香港土地供应较为紧张,城市更新项目规模及数量均有增加,但依然面临开发周期长、土地征集困难等问题,更新项目以地段较好的商业重建开发为主(图 7-14)。

4. 第四阶段(2001 年至今)

这一时期香港建立了市区重建局。政府完善了征地、公众参与等制度,提高了工作效率,使香港城市规划与更新工作进入了新阶段(图 7-15)。

7.5.2　规划法规体系

香港的城市规划法规体系由《城市规划条例》和相关法例组成(图 7-16)。

《城市规划条例》旨在有系统地拟备和核准香港各地区的布局设计及适宜在该地区内建设建筑物类型的图则,以及为拟备和核准某些在内发展须有许可的地区的图则而制订条文,以促进社区的卫生、安全、便利及一般福利发展。

图 7-14　香港 (20 世纪 90 年代)　　　　　图 7-15　中环 (2022 年)

《城市规划条例》				
规划机构	规划编制	规划管制	违例处置	规划上诉
相关法例				
土地管理	《收回土地条例》	《土地注册条例》	《土地业权条例》	
	《土地审裁处条例》	《土地拍卖条例》	《土地（杂项条文）条例》	
	《政府土地权（重收及转归补救）条例》	《土地征用（管有业权）条例》	《土地（为重新发展而强制售卖）条例》	
	《新界土地交换权利（赎回）条例》			
建筑	《建筑物条例》	《建筑物管理条例》	《建筑物能源效益条例》	
	《消防安全（建筑物）条例》	《消防安全（工业建筑物）条例》		
文物保护	《古物及古迹条例》			
基础设施	《土地排水条例》	《地下铁路（收回土地及有关规定）条例》	《道路（工程、使用及补偿）条例》	
	《公共卫生及市政条例》	《水务设施条例》		
园林	《郊野公园条例》	《海岸公园条例》	《海洋公园附例》	
	《海岸公园及海岸保护区规例》			
测绘	《土地测量条例》			
环境保护	《油污处理（土地使用及征用）条例》	《水污染管制条例》	《废物处置条例》	

图 7-16　香港城市规划法规体系

相关法例主要涉及建筑、土地管理、文物保护、基础设施、园林、测绘、环境保护等方面。

7.5.3　规划行政体系

香港城市规划工作机制如图 7-17 所示。

政府负责顶层决策及事务性执行工作,法定机构负责决策之后的管理过程。

法定机构(城市规划委员会)与政府保持紧密合作关系,但其独立性及职责法定

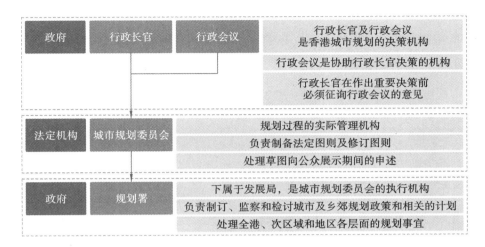

图 7-17　香港城市规划工作机制

性可有效保障该机构的权责范围。

城市规划委员会向行政长官和行政会议负责,规划署向城市规划委员会负责。

城市规划委员会成员由行政长官委任,包括官方及非官方成员,其自身并没有工作人员,完全以定期开会的形式履行工作职责。城市规划委员会的工作机构为规划署。香港城市规划委员会组织架构如图 7-18 所示。

图 7-18　香港城市规划委员会组织架构图

城市规划委员会的主要职能:指令香港规划署按行政长官指示,编制、拟定香港某些地区的布局设计和适宜在该地区内建立的建筑物类型的图则(即分区计划大纲图和发展审批地区图)草图;公布展示新图则草图;将草图和反馈回来的反对意见呈交行政长官和行政会议,以便其作出最终决策;考虑和复核规划许可申请;批准由土地发展公司编制拟定的发展计划图。

规划署机构分为全港及次区域规划处与地区规划处两个部分(图 7-19)。全港及次区域规划处进行多项全港及策略性规划研究,地区规划处负责监督属地未来发展的规划、设计及布局、发展管制、土地用途检讨、规划研究及发展项目落实等事宜。

规划署的主要职能是执行发展局的政策指令,同时为城市规划委员会提供服务。负责制订、监管和检讨全港和地区的土地用途,开展专题研究,并对违例的土地用途采取行动。

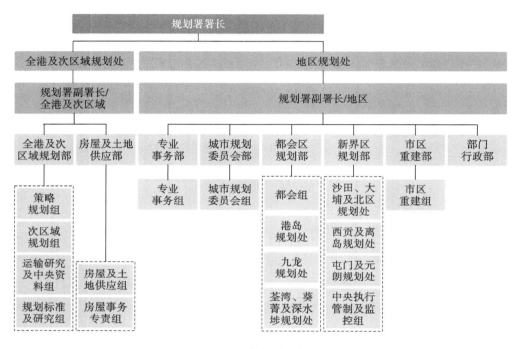

图 7-19 规划署组织图

7.5.4 规划编制体系

香港发展规划分为全港、次区域和地区三个层面(图 7-20)。

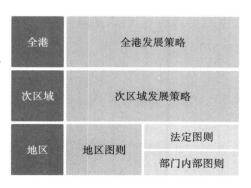

图 7-20 香港城市规划体系

1. 全港发展策略

全港发展策略是香港长远发展的策略性及方向性发展方案,是整个规划图则系统最高层次的规划,用以规范地域及地区性的实质规划工作,并不是法定文件。

2. 次区域发展策略

次区域的发展策略以全港发展规划为基础,为区域规划订立目标,并为政策制定及概括性发展提出建议。

3. 地区图则

地区图则是详细的土地用途图则,落实全港及次区域层面的概要规划原则,分为法定图则和部门内部图则(图 7-21)。

法定图则	分区计划大纲图	显示个别规划区的拟议土地用途及主要道路系统图则,所涵盖的地区按土地用途分类
	发展审批地区图	主要涵盖市区以外的地区,发展审批地区图的有效期为三年,并且会由分区计划大纲图取代
部门内部图则	发展大纲图	涉及范围较广,可提供更详细的规划参数,如地盘界线、出入口和行人天桥的位置,以及拟定种类的政府或社区用途,以便协调各项公共工程进行卖地和预留土地作特定用途
	发展蓝图	

图 7-21　香港城市规划图则体系

7.5.5　规划管理体系

香港的城市规划通过法定和非法定的方式实施发展管制(图 7-22)。法定管制包括规划申请、规划证明书、特别规划管制、违例发展处理和其他管制。非法定管制包括土地契约、发展密度分区管制、特别发展管制区。

法定管制	规划申请	申请人若不满规划委员会的决定,有权要求复检
	规划证明书	申请批准的建筑图则必须预先取得规划证明书
	特别规划管制	对环境敏感区、特别设计区、综合发展区和指定发展作出特别要求
	违例发展处理	属于犯罪行为,将处以罚款及监禁
	其他管制	古物古迹、郊野公园、基础设施等条例及部分分区计划大纲图附加的其他规定
非法定管制	土地契约	香港政府批租土地给私人发展的契约,由地政总署拟定
	发展密度分区管制	纳入《香港规划标准与准则》,管制港岛和九龙市区住宅楼宇的发展密度
	特别发展管制区	发展管制主要通过批约条款来执行

图 7-22　香港规划管理体系

7.5.6　规划程序制定

法定图则的制定过程是香港城市规划的主体过程,主要包括以下六个部分(图 7-23)。

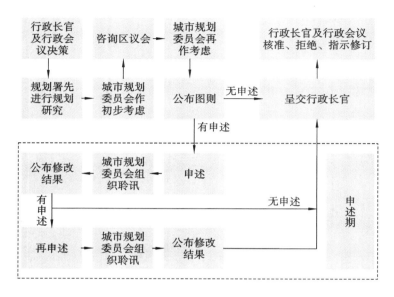

图 7-23 法定图则的制定程序

1. 决策及拟备草图

行政长官及行政会议作出规划决策后,规划署在城市规划委员会的指示下拟备草图,之后提交城市规划委员会讨论通过。

2. 咨询区议会

规划署通过购买服务的方式委托市场上的顾问公司根据要求制作规划方案。

3. 公布图则

有关区议会通过会议讨论将意见汇集,由城市规划委员会集中考虑。

4. 申述期

在申述期内,任何人可就草图提出申述以及针对申述的意见。

5. 呈交草图

城市规划委员会须在草图展示期结束后向行政长官和行政会议呈交草图。

6. 行政长官会同行政会议对草图作出决定

任何草图呈交后,行政长官会同行政会议可核准该草图,或拒绝核准该草图,或将该草图发还规划委员会再作考虑和修订。

复习思考题

①简述我国香港与内地的规划法规体系差异。

②举例分析西方规划法规体系内容和施行方式。

③请简述国外城乡规划体系中值得借鉴的经验。

参 考 文 献

［1］ 杜洪波.2023 法律硕士联考一本全教材全解读法理学［M］.北京：中国法制出版社,2022.

［2］ 郭朝先.百炼成钢：中国工业创造世界瞩目奇迹｜庆祝建党百年系列评论［N］.新京报,2021-06-28.

［3］ 李东泉,陆建华,苟开刚,等.从政策过程视角论新时期我国城乡规划管理体系的构成［J］.城市发展研究,2011,18(2):1-5＋124.

［4］ 茆荣华.《民法典》适用与司法实务［M］.2 版.北京：法律出版社,2021.

［5］ 全国法律专业学位研究生教育指导委员会.全国法律硕士专业学位研究生入学联考考试指南［M］.22 版.北京：中国人民大学出版社,2021.

［6］ 李飞.中国特色社会主义法律体系辅导读本［M］.北京：中国民主法制出版社,2011.

［7］ 孙施文.解析中国城市规划：规划院制度与中国城市规划发展探究［J］.城市规划学刊,2018(4):10-15.

［8］ 汪光焘.解放思想　开拓创新　编制好新时期的城市规划——在 2006 中国城市规划年会上的讲话［J］.城市规划,2006,30(11):10-17.

［9］ 邢曼媛.刑法［M］.2 版.北京：北京大学出版社,2017.

［10］ 邢忠,徐晓波.城市绿色廊道价值研究［J］.重庆建筑,2008(5):19-22.

［11］ 许皓.苏联经验与中国现代城市规划形成研究(1949—1965)［D］.南京：东南大学,2020.

［12］ 薛冰,刘丹,邓凯.行政法与行政诉讼法［M］.成都：电子科技大学出版社,2020.

［13］ 杨保军,陈鹏,董珂,等.生态文明背景下的国土空间规划体系构建［J］.城市规划学刊,2019(4):16-23.

［14］ 杨博旭.城市化、工业化、创新极化与中国创新的未来［J］.科学学与科学技术

管理,2022,43(4):3-20.

[15] 邹兵.国土空间规划体系重构背景下城市规划行业的发展前景与走向[J].城乡规划,2020(1):38-46.

[16] LYU L C,SUN F X,HUANG R. Innovation-based urbanization:evidence from 270 cities at the prefecture level or above in China[J]. Journal of Geographical Sciences,2019,29(8):1283-1299.

[17] SHANG J,WANG Z,LI L,et al. A study on the correlation between technology innovation and the new-type urbanization in Shaanxi province [J]. Technological Forecasting and Social Change,2018,135(3):266-273.